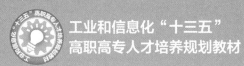

工业和信息化"十三五"
高职高专人才培养规划教材

Java 程序设计入门

Introduction to Java Programming

尹菡 崔英敏 ◎ 主编
王海 何楚行 徐健 邹佛新 ◎ 副主编

人民邮电出版社
北京

图书在版编目（ＣＩＰ）数据

Java程序设计入门 / 尹菡，崔英敏主编. -- 北京：人民邮电出版社，2017.9（2022.6重印）
工业和信息化"十三五"高职高专人才培养规划教材
ISBN 978-7-115-46169-8

Ⅰ．①J… Ⅱ．①尹… ②崔… Ⅲ．①JAVA语言－程序设计－高等职业教育－教材 Ⅳ．①TP312.8

中国版本图书馆CIP数据核字(2017)第178339号

内 容 提 要

本书是Java语言的入门级教程，由浅入深，循序渐进地介绍了使用Java语言进行程序开发的方法。本书内容包括Java入门、Java编程基础、面向对象、常用API、集会框架、GUI编程、IO流与文件、多线程、网络编程、JDBC数据库编程、综合项目实训——俄罗斯方块。

本书讲解知识全面、重点突出，覆盖Java开发中的各个方面。将知识讲解、技能训练和职业素质培养有机结合，融"教、学、做"三者于一体，适合"项目驱动、案例教学、理论实践一体化"的教学模式。通过本书的学习，Java语言的初学者可以轻松入门，并且全面了解Java的应用方向，从而为进一步学习Java打下坚实的基础。

本书可作为高职高专院校计算机相关专业程序设计类课程的教材使用，也可供Java编程爱好者自学参考。

◆ 主　　编　尹　菡　崔英敏
　　副 主 编　王　海　何楚行　徐　健　邹佛新
　　责任编辑　范博涛
　　责任印制　焦志炜
◆ 人民邮电出版社出版发行　北京市丰台区成寿寺路11号
　　邮编　100164　电子邮件　315@ptpress.com.cn
　　网址　https://www.ptpress.com.cn
　　涿州市京南印刷厂印刷
◆ 开本：787×1092　1/16
　　印张：16　　　　　　　　　　　　2017年9月第1版
　　字数：411千字　　　　　　　　　2022年6月河北第10次印刷

定价：45.00元

读者服务热线：(010)81055256　印装质量热线：(010)81055316
反盗版热线：(010)81055315
广告经营许可证：京东市监广登字20170147号

前言 FOREWORD

  Java 是面向对象的、支持多线程的解释型网络编程语言。它是目前流行的编程语言之一，具有高度的安全性、可移植性和代码可重写性。本书从 Java 语言最基本的入门概念开始讲述，包括 Java 语言的数据类型、运算符、表达式与流程控制、数组和方法等；用容易理解的讲述方法讲解 Java 面向对象程序设计的基本概念，如类、对象、接口、继承和多态等；通过大量的编程实例对 Java 的编程进行讲解，如图形用户界面中的基本控制组件、容器和布局、常用的对话框、菜单设计的应用和 JDBC 数据库编程等；对 Java 语言的特点，如异常处理等进行详细的讲解；对 Java 语言的输入、输出等通过实例进行深入的说明。

  本书具有以下几个特点。

  （1）本书的读者可以零基础起步，通过本书的学习，就可以掌握 Java 程序的编写。

  （2）本书的结构经过精心安排，内容的讲述由浅入深，培养学生按照良好的学习习惯来安排每章的内容。

  （3）本书对每一个知识点，都辅以图形或具体实例的方式进行讲述，使读者能够从具体的应用中掌握知识，能够很容易地将所学应用于实践。

  本书并不单纯从知识的角度讲解 Java，而是从解决问题的角度介绍 Java。本书知识点详尽，内容的取舍和安排循环渐进，讲解通俗易懂，实例丰富，并注重培养读者解决实际问题的能力。

  由于编者的水平所限，书中难免存在疏漏或不足之处，恳请广大读者批评指正，以便今后改进和完善。

编者

2017 年 6 月

目 录

CONTENTS

第 1 章　Java 入门 1

 1.1　关于 Java 2
  1.1.1　Java 的历史 2
  1.1.2　Java 的优点 2
  1.1.3　Java 的开发平台架构 2
  1.1.4　Java 的版本 2
 1.2　开发环境搭建 3
  1.2.1　安装 JDK 3
  1.2.2　配置环境变量 4
  1.2.3　校验环境变量配置是否正确 5
 1.3　第一个 Java 程序 6
 1.4　Eclipse 集成开发工具 7
  1.4.1　安装 Eclipse 7
  1.4.2　Eclipse 下的开发步骤 7
 习题一 12

第 2 章　Java 编程基础 13

 2.1　基本语法格式 14
  2.1.1　Java 程序组成单位 14
  2.1.2　注释 14
  2.1.3　标识符 14
  2.1.4　关键字 15
 2.2　变量及变量的作用域 15
  2.2.1　变量声明及初始化 15
  2.2.2　变量类型 16
  2.2.3　数据类型之间的相互转换 17
  2.2.4　变量的作用域 18
 2.3　运算符 18
  2.3.1　算术运算符 18

  2.3.2　赋值运算符 19
  2.3.3　关系运算符 19
  2.3.4　逻辑运算符 20
  2.3.5　位运算符 20
  2.3.6　其他运算符 21
  2.3.7　运算符的优先级 21
 2.4　流程控制 23
  2.4.1　if 条件语句 23
  2.4.2　switch 语句 25
  2.4.3　while 循环语句 27
  2.4.4　do-while 循环语句 28
  2.4.5　for 循环语句 29
  2.4.6　循环嵌套语句 30
  2.4.7　break 语句 30
  2.4.8　continue 语句 31
 2.5　数组 32
  2.5.1　一维数组 32
  2.5.2　二维数组 33
 习题二 34

第 3 章　面向对象 37

 3.1　面向对象入门 38
  3.1.1　面向对象的概念 38
  3.1.2　面向过程与面向对象 38
 3.2　面向对象编程 39
  3.2.1　声明类 39
  3.2.2　创建对象 40
  3.2.3　封装 41
  3.2.4　权限访问修饰符 42
  3.2.5　包 43

3.2.6 构造方法 43	4.2.1 String 类 76
3.2.7 方法重载 45	4.2.2 StringBuffer 类 80
3.2.8 this 修饰符 46	4.3 基本数据类型包装类 81
3.2.9 static 修饰符 48	4.3.1 八种基本类型对象的包装类 ... 81
3.2.10 参数传递 49	4.3.2 包装类常用的方法与变量 81
3.3 继承 50	4.4 Math 类 82
3.3.1 继承概念 50	4.5 日期和时间相关类 83
3.3.2 重写（覆盖）..................... 52	4.5.1 Date 类 83
3.3.3 super 关键字 52	4.5.2 SimpleDateFormat 类 84
3.3.4 final 修饰符 54	4.5.3 Calendar 类 85
3.4 多态 54	4.6 数字类型处理相关类 86
3.4.1 子类对象与父类对象互相转换 ... 55	4.6.1 NumberFormat 类 86
3.4.2 instanceof 修饰符 55	4.6.2 BigDecimal 类 87
3.4.3 多态常见的用法 55	4.7 Random 类 88
3.5 抽象类与接口 58	习题四 89
3.5.1 抽象类 58	
3.5.2 接口 59	**第 5 章 集合框架** 92
3.5.3 抽象类与接口的区别 62	5.1 集合框架入门 93
3.6 内部类 62	5.1.1 集合简介 93
3.6.1 成员内部类 62	5.1.2 集合分类 93
3.6.2 局部内部类 64	5.2 Collection 接口 93
3.6.3 静态内部类 65	5.3 Iterator 接口ヽ 95
3.6.4 匿名内部类 66	5.4 List 接口 96
3.7 异常 67	5.4.1 概述 96
3.7.1 何谓异常 67	5.4.2 ArrayList 类 97
3.7.2 Java 异常体系 67	5.4.3 LinkedList 类 99
3.7.3 异常的类型 68	5.5 Set 接口 100
3.7.4 Java 中的异常处理 68	5.5.1 概述 100
3.7.5 自定义异常 71	5.5.2 HashSet 类 101
习题三 72	5.5.3 TreeSet 类 104
	5.6 Map 接口 108
第 4 章 常用 API 75	5.6.1 概述 108
4.1 Java API 入门 76	5.6.2 HashMap 类 109
4.2 字符串相关类（String 类和 StringBuffer 类）........... 76	5.6.3 TreeMap 类 112
	习题五 113

第 6 章　GUI 编程 117

6.1　GUI 入门 118
6.1.1　GUI 概述 118
6.1.2　何为 GUI 118
6.1.3　GUI 编程步骤 118

6.2　布局管理器 119
6.2.1　BorderLayout 布局管理器 119
6.2.2　FlowLayout 布局管理器 120
6.2.3　GridLayout 布局管理器 121
6.2.4　CardLayout 布局管理器 122
6.2.5　绝对定位 123

6.3　基本容器 124
6.3.1　JFrame 124
6.3.2　JPanel 125

6.4　基本组件 126
6.4.1　标签组件 JLabel 126
6.4.2　按钮组件 JButton 128
6.4.3　文本组件 129
6.4.4　菜单组件 131

6.5　GUI 事件处理 132
6.5.1　事件的概念 132
6.5.2　Java 事件处理流程 133
6.5.3　常见事件 135

习题六 144

第 7 章　IO 流与文件 146

7.1　IO 流入门 147
7.1.1　IO 流的概念 147
7.1.2　IO 流类的层次结构 147

7.2　File 类 148

7.3　字节流 150
7.3.1　字节输入流父类
（InputStream）.................. 150
7.3.2　字节输出流父类
（OutputStream）................ 150
7.3.3　FileInputStream 类与
FileOutputStream 类 150
7.3.4　DataInputStream 类与
DataOutputStream 类 152
7.3.5　BufferedInputStream 类与
BufferedOutputStream 类 ... 154
7.3.6　ObjectInputStream 类与
ObjectOutputStream 类 155
7.3.7　PrintStream 类 158

7.4　字符流 159
7.4.1　字符输入流父类（Reader）........ 159
7.4.2　字符输出流父类（Writer）......... 160
7.4.3　FileReader 类与
FileWriter 类 160
7.4.4　InputStreamReader 类与
OutputStreamWriter 类 161
7.4.5　BufferedReader 类与
BufferedWriter 类 163
7.4.6　PrintWriter 类 164

7.5　随机访问文件类 165

习题七 166

第 8 章　多线程 169

8.1　线程入门 170
8.1.1　线程相关概念 170
8.1.2　使用线程的好处 171

8.2　多线程编程 171
8.2.1　继承 Thread 类 171
8.2.2　实现 Runnable 接口 172

8.3　线程的生命周期 173

8.4　线程的控制 174
8.4.1　线程的启动 175
8.4.2　线程的挂起 175

8.4.3	线程的常用方法	175
8.4.4	线程状态检查	176
8.4.5	结束线程	176
8.4.6	后台线程	178
8.5	线程的同步	179
8.5.1	同步代码块	180
8.5.2	同步方法	182
8.6	线程的死锁	183
8.7	线程的通信	184
习题八		187

第 9 章 网络编程 189

9.1	网络编程入门	190
9.1.1	TCP	190
9.1.2	UDP	190
9.2	IP 地址封装	190
9.3	套接字（Socket）编程	192
9.3.1	什么是套接字（Socket）	192
9.3.2	套接字（Socket）通讯的过程	192
9.3.3	客户端套接字	193
9.3.4	服务器端套接字	195
9.3.5	开发 Socket	197
9.4	数据报编程	200
9.4.1	DatagramPacket 类	200
9.4.2	DatagramSocket 类	201
习题九		203

第 10 章 JDBC 数据库编程 205

10.1	JDBC 入门	206
10.1.1	JDBC 概述	206
10.1.2	JDBC 的类与接口	206
10.1.3	JDBC 实现原理	206
10.1.4	JDBC 驱动程序分类	207
10.2	JDBC 开发	208

10.2.1	数据库连接的主要步骤	208
10.2.2	加载 JDBC 驱动程序	208
10.2.3	建立一个数据库的连接	210
10.2.4	创建一个 statement	210
10.2.5	执行 SQL 语句	211
10.2.6	处理结果	211
10.2.7	关闭连接	211
10.3	操作数据库	211
10.3.1	创建数据库和表	212
10.3.2	添加数据	213
10.3.3	查询数据	217
10.3.4	修改数据	218
10.3.5	删除数据	218
10.4	批处理	219
10.4.1	Statement 批处理	219
10.4.2	PreparedStatement 批处理	220
10.5	JDBC 元数据	221
10.5.1	元数据概述	221
10.5.2	数据库的元数据	221
10.5.3	结果集的元数据	222
10.6	JDBC 事务管理	223
10.6.1	事务概述	223
10.6.2	提交和回滚	224
习题十		224

第 11 章 综合项目实训—— 俄罗斯方块 226

任务一	面向对象的分析与设计	227
	【任务描述】	227
	【任务分析】	227
	【任务实施】	227
	【任务小结】	229
任务二	主体框架搭建	229
	【任务描述】	229
	【任务分析】	229

【任务实施】 229
　　【任务小结】 232
任务三　方块产生与自动下落 232
　　【任务描述】 232
　　【任务分析】 232
　　【任务实施】 232
　　【任务小结】 236
任务四　方块的移动与显示 236
　　【任务描述】 236
　　【任务分析】 236
　　【任务实施】 237

　　【任务小结】 242
任务五　障碍物的生成与消除 242
　　【任务描述】 242
　　【任务分析】 243
　　【任务实施】 243
　　【任务小结】 245
任务六　游戏结束 245
　　【任务描述】 245
　　【任务分析】 246
　　【任务实施】 246
　　【任务小结】 246

第 1 章
Java 入门

【本章导读】

　　Java 是一门优秀的编程语言,它的优点是与平台无关,可以实现"一次编写,到处运行"。Java 虚拟机(JVM)使经过编译的 Java 代码能在任何系统上运行。本章主要介绍 Java 语言和相关特性、Java 开发环境的搭建和编写第一个 Java 程序等。

【学习目标】

- 了解 Java 语言
- 掌握 Java 开发环境的搭建方法
- 学会编写第一个 Java 程序

1.1 关于 Java

1.1.1 Java 的历史

Java 是由 Sun Microsystems 公司于 1995 年 5 月推出的面向对象程序设计语言（以下简称 Java 语言）和 Java 平台的总称，由 James Gosling 和同事们共同研发。

用 Java 实现的 HotJava 浏览器（支持 Java applet）显示了 Java 的魅力：跨平台、动态的 Web、Internet 计算。从此，Java 被广泛接受并推动了 Web 的迅速发展，现在常用的浏览器均支持 Java applet。此外，Java 技术也在不断更新。（2010 年 Oracle 公司收购了 Sun 公司）。

1.1.2 Java 的优点

（1）面向对象。通过面向对象的方式，将现实世界的事物抽象成对象，将现实世界中的关系抽象成类、继承，帮助人们实现对现实世界的抽象与数字建模。

（2）可移植性。Java 的最大特性是跨平台，它采用先编译成为字节码，再解释成不同的机器码来执行的方式，屏蔽了具体的"平台环境"的特性要求，而由特定的 JVM 来适应不同的平台，能做到一处编译到处运行。

（3）简洁、容易。Java 语言简洁，容易学习，它封装了 C++ 语言中所有难以理解和复杂的操作，如头文件、指针、结构、运算符重载和虚拟基础类等。

（4）适宜分布式计算。Java 具有强大的易于使用的网络编程 API 和联网能力，非常适合分布式计算程序。Java 应用程序可以像访问本地文件系统那样通过 url 访问远程对象。

（5）多线程处理能力。Java 允许一个应用程序同时存在两个或两个以上的线程，用于支持事务并发和多任务处理。Java 除了内置的多线程技术之外，还定义了一些类、方法等来建立和管理用户定义的多线程。

（6）安全性。Java 在设计时安全性就考虑得很仔细，而且 Java 是开源的，安全方面的 bug 能够及时得到发现并修复。

（7）健壮性。Java 在编译时可对程序进行异常检查，在程序执行前就提前规避了这类错误，避免在运行时因为这类错误导致系统崩溃，起到了防患于未然的作用。

1.1.3 Java 的开发平台架构

Java 平台由 Java 虚拟机（Java Virtual Machine，JVM）和 Java 应用编程接口（Application Programming Interface，API）构成。API 为 Java 应用提供了一个独立于操作系统的标准接口，而 JVM 则提供了 Java Application 运行时环境。Java 的开发平台架构如图 1-1 所示。

从图 1-1 能清晰地看到 Java 平台包含的各个逻辑模块，也能了解到 JDK 与 JRE 的区别。

1.1.4 Java 的版本

（1）Java 平台标准版【Java 2 Platform Standard Edition，JavaSE】：主要是开发桌面软件、

C/S 结构软件。

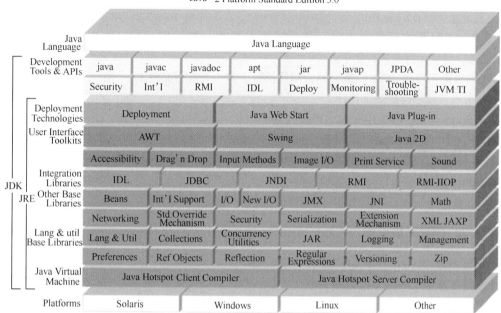

图1-1　Java的开发平台架构

（2）Java 平台企业版【Java 2 Platform Enterprise Edition，JavaEE】：主要是开发 B/S 结构的企业级应用。

（3）Java 平台微型版【Java 2 Platform Micro Edition，JavaME】：主要是进行嵌入式开发，应用于 PDA、手机等系统。

1.2 开发环境搭建

1.2.1 安装 JDK

1. JDK 介绍

Java 开发工具箱（Java Development Kits，JDK），主要包括如下内容。

（1）Java API（应用程序编程接口）：主要作用是为编程人员提供已经写好的功能，便于快速开发。

（2）Java 编译器（Javac.exe）、Java 运行时解释器（Java.exe）、Java 文档化工具（Javadoc.exe）及其他工具和资源。

（3）JVM（Java Virtual Machine，Java 虚拟机）：主要作用是进行 Java 程序的运行和维护。

（4）JRE（Java Run Time Environment，Java 运行时环境），JRE 的 3 项主要功能如下。

① 加载代码：由类加载器（Class Loader）完成。

② 校验代码：由字节码校验器（Bytecode Verifier）完成。

③ 执行代码：由运行时解释器（Runtime Interpreter）完成。

2. JDK 的安装目录介绍

下载地址：http://www.oracle.com/technetwork/Java/Javase/downloads/index.html。

将 JDK1.8 版本下载到本地，然后双击此软件，默认安装到 C:\Program Files\Java\jdk1.8.0_20 目录，目录结构如下。

- bin 目录：存放 Java 的编译器、解释器等工具（可执行文件）。
- demo 目录：存放演示程序。
- include 目录：存放用于本地方法的文件。
- jre 目录：存放 Java 运行环境文件。
- lib 目录：存放 Java 的类库文件。
- sample 目录：存放一些范例程序。
- src.zip 文件：JDK 提供的类的源代码。

1.2.2 配置环境变量

安装了 JDK 之后，还需要配置以下环境变量。

1. JAVA_HOME（可选的）

JAVA_HOME 就是指 JDK 的安装目录，用户可以在桌面上右键单击【我的电脑】图标，在弹出的快捷菜单中选择【属性】命令，将会弹出【系统属性】对话框，切换到【高级】选项卡，单击"环境变量"按钮，在弹出的【环境变量】对话框的【系统环境变量】部分单击"新建"按钮，【变量名】填写 JAVA_HOME，【变量值】填写 JDK 安装路径 C:\Program Files\Java\jdk1.8.0_20，单击"确定"按钮，配置如图 1-2 所示。

图 1-2　JAVA_HOME配置

设置 JAVA_HOME 的好处如下。

（1）以后要使用 JDK 安装路径的时候，只需输入%JAVA_HOME%即可，避免每次引用都输入很长的路径。

（2）归一原则，当 JDK 路径被迫改变的时候，仅需更改 JAVA_HOME 的变量值即可，否则，就要更改任何用绝对路径引用 JDK 目录的文档。

（3）第三方软件（如 TOMCAT、JOBSS…）会引用约定好的 JAVA_HOME 变量，不然，将不能正常使用该软件。

2. PATH（必须的）

PATH 用于指定操作系统的可执行指令的路径，也就是要告诉操作系统，Java 编译器和运行器在什么地方可以找到。在【环境变量】中的【系统变量】找到【Path】，单击"编辑"按钮，将安装 JDK 的默认 bin 路径，复制后粘贴到【变量值】文本框最前面，然后在 JDK 路径后面加入一个";"，将 Java.exe、Javac.exe、Javadoc.exe 工具的路径告诉 Windows，配置如图 1-3 所示。

3. CLASSPATH（可选的）

Java 虚拟机在运行某个类时会按 CLASSPATH 指定的目录顺序去查找这个类，在【环境变量】对话框中单击"新建"按钮来新建一个变量，在弹出的【编辑系统变量】对话框中按图 1-4 所示输入变量名 Classpath 和变量值"."。设置点"."表示通过编译器产生的.class 类文件存放的路径与当前路径一致，如图 1-4 所示。

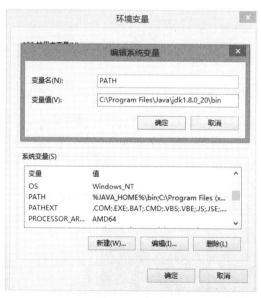

图1-3　PATH配置

图1-4　CLASSPATH配置

1.2.3　校验环境变量配置是否正确

选择【开始】→【运行】命令，在弹出的【运行】对话框中的【打开】下拉列表框中输入 cmd，接着单击"确定"按钮切换到 DOS 状态，直接输入 Javac 按【Enter】键，如果能出现图 1-5 所示的效果（英文版也行），说明配置成功，否则需要重新进行配置。

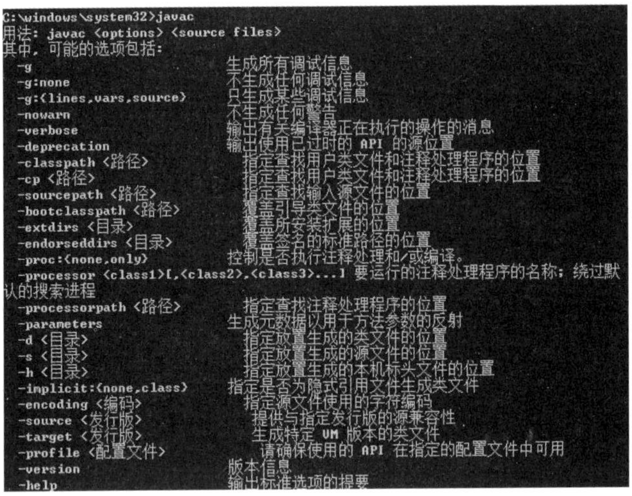

图1-5 校验环境变量配置

1.3 第一个 Java 程序

（1）使用记事本编写 Hello.Java，假定 Hello.Java 存放在 d 盘根目录下。

```
package chap01;
public class Hello {
    public static void main(String[] args) {
        System.out.println("Hello Java");
    }
}
```

（2）将 Hello.Java 编译成 Hello.class 文件。打开 DOS 窗口，切换到 d 盘，然后输入 Javac Hello.Java，如图 1-6 所示。

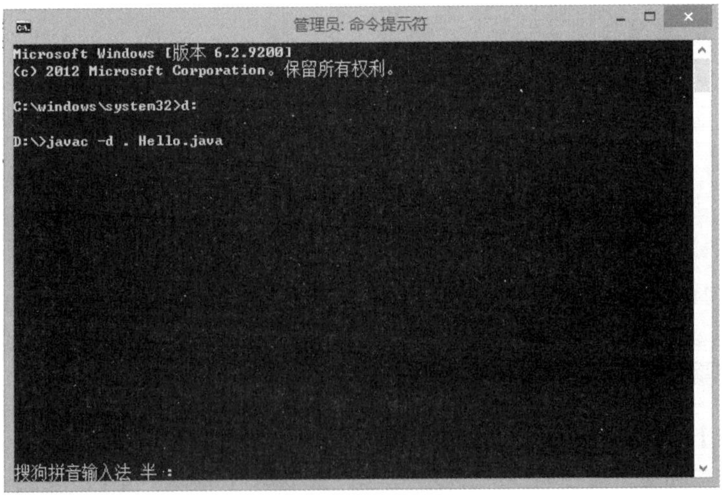

图1-6 编译Hello.Java

（3）运行 Hello.class 文件，在 DOS 窗口输入 Java Hello，得到运行结果，如图 1-7 所示。

图1-7　运行Hello.Java

1.4　Eclipse 集成开发工具

1.4.1　安装 Eclipse

Eclipse 是由 IBM 公司开发的 IDE 集成开发工具，是目前最流行的 Java 集成开发工具。可以从网站中下载 Eclipse 工具。注意：在使用 Eclipse 前必须要正确安装 JDK 和配置环境变量。

1.4.2　Eclipse 下的开发步骤

（1）启动 Eclipse。将会弹出图 1-8 所示的工作空间设置界面，为了开发工作的方便，将工作空间的路径设置为 E:\Workspace。

图1-8　工作空间设置界面

工作空间用于存放开发的每个 Java 项目。设置完成后单击"确定"按钮，将会启动 Eclipse 欢迎界面，如图 1-9 所示。

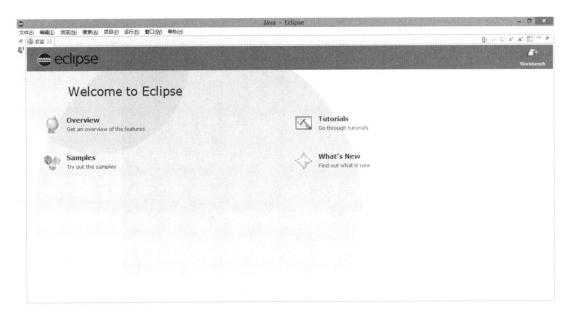

图1-9　Eclipse欢迎界面

单击右上角的"Workbench"按钮或关闭欢迎视图，将进入 Eclipse 开发环境，如图 1-10 所示。

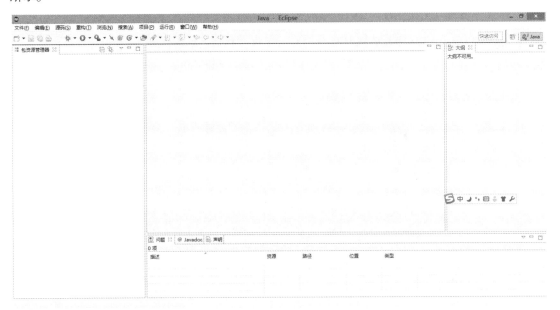

图1-10　Eclipse集成开发环境

（2）创建 Java 项目。选择"文件"→"新建"→"Java 项目"，将会弹出"新建 Java 项目"对话框，如图 1-11 所示。

在"项目名"文本框内输入项目名称"test"后单击"完成"按钮，这样便完成了 Java 项目的创建，如图 1-12 所示。

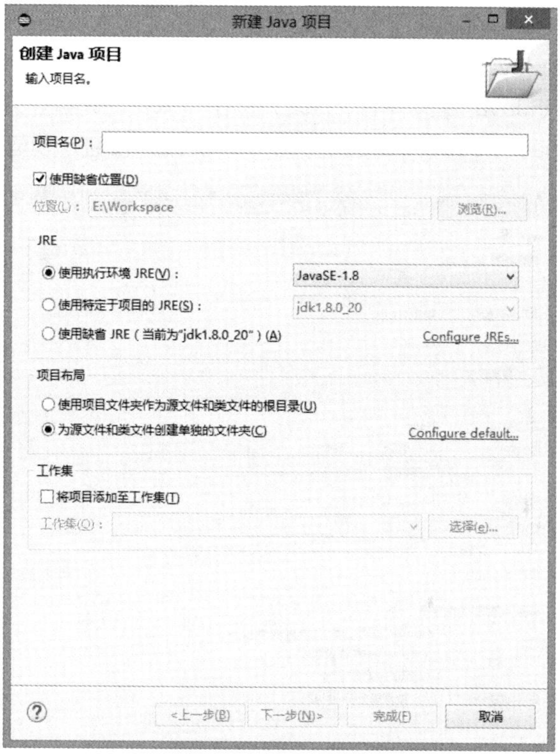

图1-11 "新建Java项目"对话框（1）

图1-12 "新建Java项目"对话框（2）

（3）创建 Java 类文件。在创建了 test 项目后，选择"文本"→"新建"→"类"。将会弹出图 1-13 所示的【新建 Java 类】对话框。在"包（K）："文本框中输入包名"chap01"；在"名称（M）："文本框中输入 Java 源文件名"Hello"；在"想要创建哪些方法存根？"复选框中选择"public static void main（String[] args）"。单击"完成"按钮，创建"Hello.Java"类文件。

图1-13 "新建Java类"对话框

（4）编辑 Java 源文件。在创建"Hello.Java"类文件后，将会出现图 1-14 所示的 Java 编辑界面。

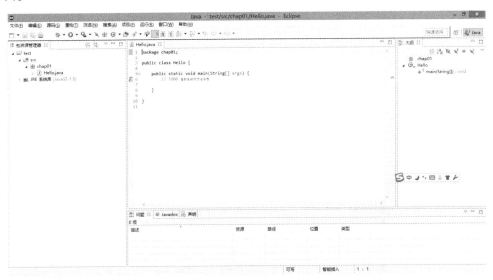

图1-14 Java编辑界面（1）

输入如下代码，如图 1-15 所示。

```
System.out.println("Hello Java");
```

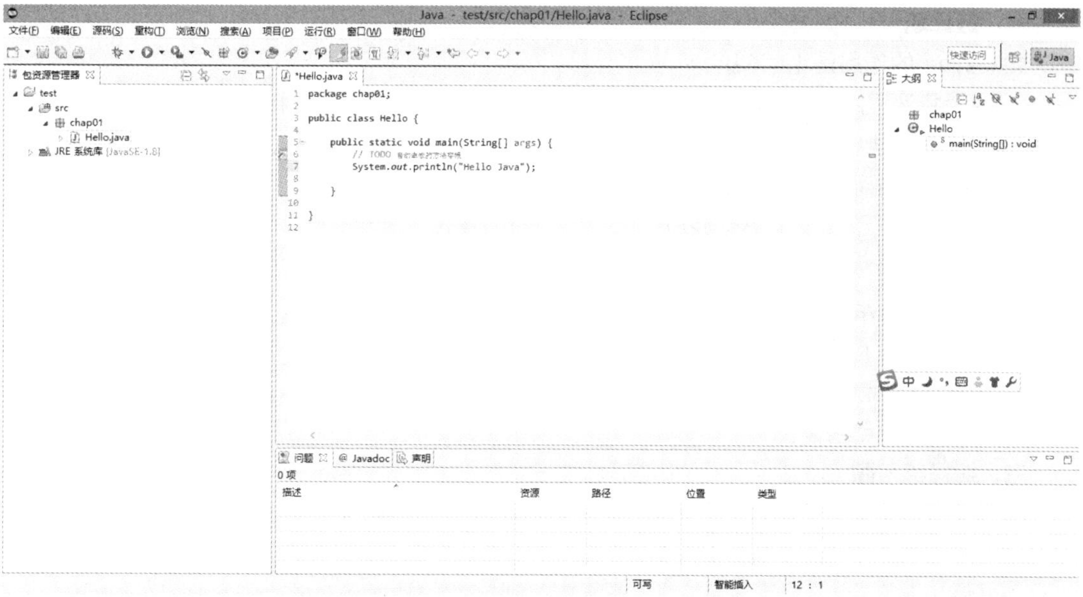

图1-15　Java编辑界面（2）

（5）解释并运行 Java 程序。选择主菜单中的"运行"→"运行方式"→"Java 应用程序"，运行结果如图 1-16 所示。

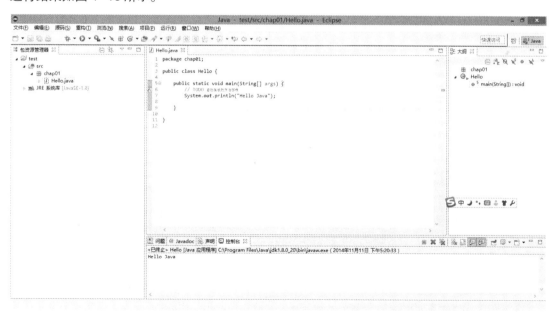

图1-16　运行结果

这样，就成功在 Eclipse IDE 中完成一个 Java 应用程序的开发。

习题一

一、选择题

1. Javac 的作用是（　　）。
   A. 将源程序编译成字节码　　　　B. 将字节码编译成源程序
   C. 解释执行 Java 字节码　　　　　D. 调试 Java 代码
2. Java 为移动设备提供的平台是（　　）。
   A. J2ME　　　　B. J2SE　　　　C. J2EE　　　　D. JDK5.0

二、填空题

1. 什么是 Java 虚拟机：_____。
2. 简述 Java 应用程序的开发过程：_____。
3. JDK 安装完成后，如何设置环境变量：_____。
4. Java 的特点包含：_____、_____、_____、_____和_____。

三、编程练习题

编写程序，要求在控制台上显示 Welcome to Java、Welcome to Computer Science 和 Programming is fun，运行效果如图 1-17 所示。

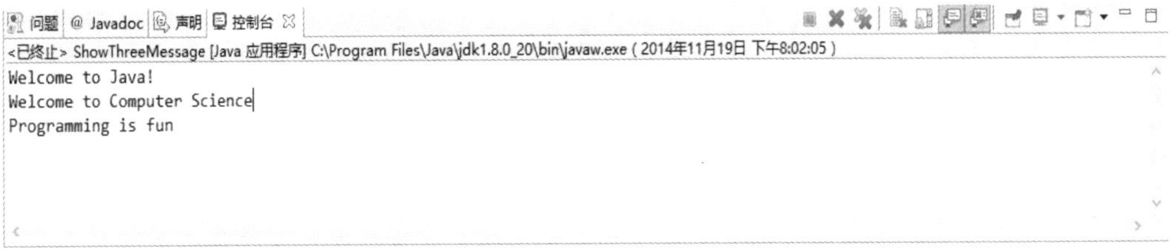

```
<已终止> ShowThreeMessage [Java 应用程序] C:\Program Files\Java\jdk1.8.0_20\bin\javaw.exe（2014年11月19日 下午8:02:05）
Welcome to Java!
Welcome to Computer Science
Programming is fun
```

图1-17

第 2 章
Java 编程基础

【本章导读】

在深入学习 Java 程序设计之前，首先要掌握 Java 语言基础知识。Java 中的语句由标识符、关键字、运算符、分隔符和注释等元素构成；Java 中的流程控制语句，用来控制 Java 语句的执行顺序；Java 中的数组存放具有相同数据类型的变量或对象。

【学习目标】
- Java 符号的使用规则
- Java 基本数据类型及其转换方法
- Java 运算符与表达式
- Java 条件控制语句、循环控制语句的使用方法
- Java 数组的创建和使用方法

2.1 基本语法格式

2.1.1 Java 程序组成单位

Java 中所有程序代码都必须存在于类中,用 class 关键字定义类,在 class 前面有一些修饰符,格式如下。

```
修饰符 class 类名
{
    程序代码;
}
```

Java 是严格区分大小写的。

2.1.2 注释

注释是为源程序增加必要的解释说明的内容,是程序的非执行部分。其目的是提高程序的可读性,书写注释是编写程序的良好习惯。Java 中有 3 种形式的注释。

（1）//　　　　　　　　单行注释
（2）/* */　　　　　　多行注释
（3）/** */　　　　　　文档注释

在编程时,如果只对一行代码注释,则选择第 1 种。如果对多行代码注释,则建议使用第 2 种或第 3 种方式。第 3 种方式主要用于创建 Web 页面的 HTML 文件,Java 的文档生成器能从这类注释中提取信息,并将其规范化后用于建立 Web 页。

2.1.3 标识符

在程序设计语言中存在的任何一个成分（如变量、常量、方法和类）都需要有一个名字以表示它的存在和唯一性,这个名字就是标识符。用户可以为自己程序中的每一个成分取一个唯一的名字（标识符）。

Java 语言标识符的使用要遵循以下的规定。

（1）Java 的标识符可以由字母、数字、下划线"_"和"$"组成,但必须以字母、下划线"_"或美元符号"$"开头。

（2）Java 中标识符区分大小写,如 age 和 AGE 是不同的。

（3）标识符不能是 Java 保留关键字,但可以包含关键字。

例如,name、cha_1、$money、publicname 都是合法的标识符,而 a　b、3_6、m%n、int 都是不合法标识符。

Java 语言标识符命名的一些约定如下。

（1）类名和接口名的第一个字母大写,如 String、System、Applet、FirstByCMD 等。

（2）方法名第一个字母小写，如 main()、print()、println()等。

（3）常量（用关键字 final 修饰的变量）全部用大写，单词之间用下划线隔开，如 TEXT_CHANGED_PROPERTY。

（4）变量名或一个类的对象名等首字母小写。

（5）标识符的长度不限，但在实际命名时不宜过长，遵循"见名知义"的原则。

2.1.4 关键字

关键字通常也称为保留字，是特定的程序设计语言本身已经使用并赋予特定意义的一些符号。Java 的常用关键字如表 2-1 所示。

由于程序设计语言的编译器在对程序进行编译的过程中，对关键字进行特殊对待，所以，编程人员不能用关键字作为自己定义程序成分的标识符。

表 2-1 关键字

访问控制	private	protected	public		
类，方法和变量修饰符	abstract	class	extends	final	implements
	interface	native	new	static	volatile
	strictfp	synchronized	transient		
程序控制	break	continue	return	do	while
	if	else	for	switch	case
	default	instanceof			
错误处理	try	cathc	throw	throws	
包相关	import	package			
基本类型	boolean	byte	char	double	float
	int	long	short	null	true
	false				
变量引用	super	this	void		
保留字	goto	const			

2.2 变量及变量的作用域

2.2.1 变量声明及初始化

Java 变量是程序中最基本的存储单元，其要素包括变量名、变量类型和作用域。语法格式如下。

```
变量类型 变量名=变量值
```

例如：

```
int i=100; float f=12.3f;
```

使用变量前必须对变量赋值，首次对变量赋值称为初始化变量，格式如下。

变量名=表达式；

其中，变量名必须是已经声明过的，表达式由值、运算符、变量组成，表达式的最终运算结果是一个值。

例如，对 int 变量 i 赋值。

```
i=5* (3/2)+3*2;
```

可以在声明变量的同时初始化变量。

例如：

```
int i=3, j=4;
```

变量初始化后还可以对变量重新赋值，重新赋值后，新的值将会覆盖原来的值。

2.2.2 变量类型

Java 变量类型分成基本数据类型和引用数据类型

1. 基本数据类型

基本数据类型也称作内置类型，是 Java 语言本身提供的数据类型，是引用其他类型（包括 Java 核心库和用户自定义类型）的基础。Java 基本类型的取值范围如表 2-2 所示。

表 2-2 基本数据类型取值范围

名称		关键字	占用字节数	取值范围
整数类型	字节型	byte	1	$-2^7 \sim 2^7-1$（$-128 \sim 127$）
	短整型	short	2	$-2^{15} \sim 2^{15}-1$（$-32768 \sim 32767$）
	整型	int	4	$-2^{31} \sim 2^{31}-1$
	长整型	long	8	$-2^{63} \sim 2^{63}-1$
浮点类型	浮点型	float	4	$-3.4 \times 10^{38} \sim 3.4 \times 10^{38}$
	双精度型	double	8	$-1.7 \times 10^{308} \sim 1.7 \times 10^{308}$
字符类型		char	2	$0 \sim 65535$ 或 u0000~UFFFF
布尔类型		boolean	1	true 或 false

注意以下几点。

（1）默认情况下整数字面值是 int 型，如果要指定 long 型的整数字面值，必须在数值的后面加大写或小写字母 L。

（2）默认情况下，浮点型字面值是 double 型。如果要指定 float 型浮点数，必须在浮点数后面加后缀 f 或 F。例如，0.1f、-3.14F。

2. 引用数据类型

引用类型（Reference Type）指向一个对象，不是原始值，指向对象的变量是引用变量。在 Java 里面除去基本数据类型的其他类型都是引用数据类型，自己定义的 class 类都是引用类型。引用数据类型包括类引用、接口引用以及数组引用，在后续章节中会一一详细讲述。

下面的代码分别声明一个 java.lang.Object 类的引用、java.util.List 接口的引用和一个 int 型数组的引用。

```
Object object = null;       // 声明一个 Object 类的引用变量
List list = null;           // 声明一个 List 接口的引用变量
int[] months = null;        // 声明一个 int 型数组的引用变量
```

将引用数据类型的常量或变量初始化为 null 时，表示引用数据类型的常量或变量不引用任何对象。

2.2.3 数据类型之间的相互转换

Java 是强类型语言，因此，在进行赋值操作时要对数据类型进行检查。用常量、变量或表达式给另一个变量赋值时，两者的数据类型要一致。如果数据类型不一致，则要进行类型转换。数据类型转换分为"自动类型转换"和"强制类型转换"两种。

1. 自动类型转换

当需要从低级类型向高级类型转换时，编程人员无需进行任何操作，Java 会自动完成类型转换。低级类型是指取值范围相对较小的数据类型，高级类型则指取值范围相对较大的数据类型。例如，long 型相对于 float 型是低级数据类型，但是相对于 int 型则是高级数据类型。

在基本数据类型中，除了 boolean 类型外均可参与算术运算，这些数据类型从低到高的排序如图 2-1 所示。

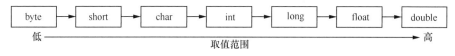

图2-1 数据类型排列顺序

例如：

```
long a = 105;            // 105是int型，long比int大
double b = 5.52F;        // 5.52F是float型，double比float大
double d = 11;           // 11是int型，double比int大
```

2. 强制类型转换

如果需要把数据类型较高的数据或变量赋值给数据类型相对较低的变量，就必须进行强制类型转换。语法格式如下。

    （数据类型）数据　或　（数据类型）(表达式)

在执行强制类型转换时，可能会导致数据溢出或精度降低。

例如：

```
int a = (int)105L;           //105L是long型，赋给int变量前必须强制转换成int
float b = (float)5.52;       //5.52是double型，赋给float变量前必须强制转换成float
int d = (int)1.1;            //1.1是double型，赋给int变量前必须强制转换成int
```

例2-1 使用数据类型，代码及运行结果如图2-2所示。

```java
package chap02;
public class SimpleCal {
    public static void main(String[] args) {
        int iNum1= 3;
        float fNum2 = 2f;
        double dResult = 0;
        dResult = 1.5 + iNum1/fNum2;
        System.out.println("result1=" + dResult);
        dResult = 1.5 + (double) iNum1/fNum2;
        System.out.println("result2=" + dResult);
        dResult = 1.5 +  iNum1/(int)fNum2;
        System.out.println("result3=" + dResult);
        }
}
```

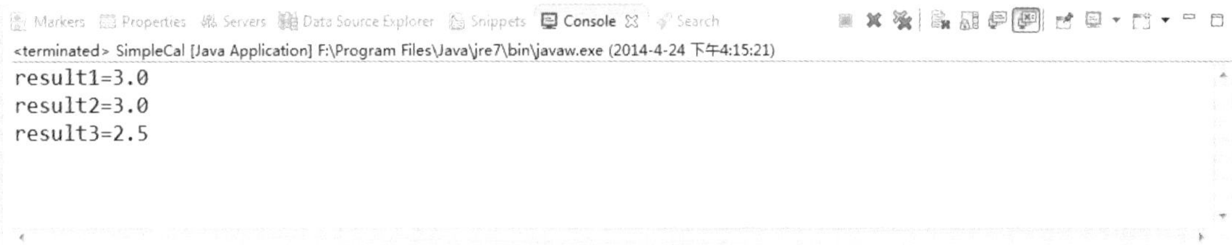

```
result1=3.0
result2=3.0
result3=2.5
```

图2-2 例2-1运行结果

2.2.4 变量的作用域

（1）局部变量：方法或语句块内部定义的变量。
（2）成员变量：方法外部，类的内部定义的变量。
两者之间的区别如下。
- 成员变量可以有修饰符，局部变量不能有修饰符。
- 系统会给成员变量默认值，但局部变量没有默认，必须由用户手工赋值。

2.3 运算符

Java中的运算符包括算术运算符、赋值运算符、关系运算符、逻辑运算符和位运算符等。下面介绍各个运算符的使用方法。

2.3.1 算术运算符

算术运算符支持整数型数据和浮点数型数据的算术运算，分为双目运算符和单目运算符两种，双目运算符就是连接两个操作数的运算符，这两个操作数分别写在运算符的左右两边；而单目运算符则只使用一个操作数，可以位于运算符的任意一侧，但是有不同的含义。常用的算术运算符如表 2-3 所示。

表 2-3 算术运算符

运算符	功能	举例	运算结果	结果类型
+	加法运算	10 + 7.5	17.5	double
-	减法运算	10-7.5F	2.5F	float
*	乘法运算	3 * 7	21	int
/	除法运算	22 / 3L	7L	long
%	求余运算	10 % 3	1	int
++（单目）	自加 1 运算	int x=7, y=5; int z=（++x）*y int z=（x++）*y	x=8, z=40 x=8, z=35	与操作元的类型相同
--（单目）	自减 1 运算	int x=7, y=5; int z=（--x）*y int z=（x--）*y	x=6, z=30 x=6, z=35	与操作元的类型相同

在使用"++"和"--"运算符时，要注意它们与操作数的位置关系对表达式运算符结果的影响。++或--出现在变量前面时，先执行自增或自减运算，再执行其他运算。出现在变量后面时，先执行其他运算，再执行自增或自减运算。

2.3.2 赋值运算符

赋值运算符的符号为"="，它的作用是将数据、变量、对象赋值给相应类型的变量。
例如：

```
int i = 75;                        // 将数据赋值给变量
long l = i;                        // 将变量赋值给变量
Object object = new Object();      // 创建对象
```

复合赋值运算符是在赋值运算符"="前加上其他运算符。常用的复合赋值运算符如表 2-4 所示。

表 2-4 复合赋值运算符

运算符	功能	举例	运算结果
+=	加等于	a=3; b=2; a+=b; 即 a=a+b;	a=5 b=2
-=	减等于	a=3; b=2; a-=b; 即 a=a-b;	a=1 b=2
*=	乘等于	a=3; b=2; a*=b; 即 a=a*b;	a=6 b=2
/=	除等于	a=3; b=2; a/=b; 即 a=a/b;	a=1 b=2
%=	模等于	a=3; b=2; a%=b; 即 a=a%b;	a=1 b=2

2.3.3 关系运算符

关系运算符用于比较大小，运算结果为 boolean 型，当关系表达式成立时，运算结果为 true，否则运算结果为 false。常用的关系运算符如表 2-5 所示。

表 2-5　关系运算符

运算符	功能	举例	运算结果
>	大于	'a' > 'b'	false
<	小于	2 < 3.0	true
==	等于	'X' == 88	true
!=	不等于	true != true	false
>=	大于或等于	6.6 >= 8.8	false
<=	小于或等于	'M' <= 88	true

要注意关系运算符"=="和赋值运算符"="的区别!

2.3.4　逻辑运算符

逻辑运算符用于对 boolean 类型结果的表达式进行运算,运算结果总是 boolean 类型的。常用的逻辑运算符如表 2-6 所示。

表 2-6　逻辑运算符

运算符	描述	示例	结果
&	与	false & true	false
|	或	false | true	true
^	异或	true ^ false	true
!	非	!true	false
&&	逻辑与	false && true	false
||	逻辑或	false || true	true

2.3.5　位运算符

位运算是对操作数以二进制位为单位进行的操作和运算,运算结果均为整数型。位运算符又分为逻辑位运算符和移位运算符两种。

1. 逻辑位运算符

逻辑位运算符用来对操作数进行按位运算,包括"~"(按位取反)、"&"(按位与)、"|"(按位或)和"^"(按位异或)。图 2-3 所示为 4 个逻辑位运算的示例。

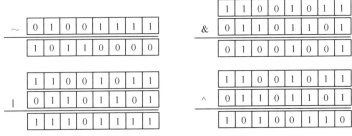

图2-3　逻辑位运算示例

2. 移位运算符

移位运算符一般是相对于二进制数据而言的，包括"<<"（左移运算符，num<<1，相当于 num 乘以 2）、">>"（右移运算符，num>>1，相当于 num 除以 2）和">>>"（无符号右移，忽略符号位，空位都以 0 补齐）。

2.3.6 其他运算符

除了前面介绍的几类运算符外，Java 中还有一些不属于上述类别的运算符。

1. 字符串连接运算符"+"

语句"String s="He" + "llo";"的执行结果为"Hello"，"+"除了可用于字符串连接，还能将字符串与其他的数据类型相连成为一个新的字符串。

例如，"String s="x" + 123;"结果为"x123"。

2. 三目运算符？：

三目运算符就是能操作三个数的运算符，如 X ? Y : Z，X 为 boolean 类型表达式，先计算 X 的值，若为 true，整个三目运算的结果为表达式 Y 的值，否则整个运算结果为表达式 Z 的值。

例如：

```
int score = 75;
String type = score >=60 ? "及格" : "不及格";
```

2.3.7 运算符的优先级

当在一个表达式中存在多个运算符进行混合运算时，会根据运算符的优先级别来决定运算顺序，优先级最高的是括号"()"，它的使用与数学运算中的括号一样，只是用来指定括号内的表达式要优先处理。例如：

```
int num=8* (4+6);              // num 为 80
```

运算符优先级的顺序，如表 2-7 所示。

表 2-7 运算符优先级顺序

优先级	运算符	结合性
1	( ) [ ]	从左到右
2	! +(正) -(负) ~ ++ --	从右向左
3	* / %	从左向右
4	+（加）-（减）	从左向右
5	<< >> >>>	从左向右
6	< <= > >=	从左向右
7	== !=	从左向右
8	&（按位与）	从左向右
9	^（按位或）	从左向右
10	|	从左向右

续表

优先级	运算符	结合性
11	&&	从左向右
12	||	从左向右
13	?:	从右向左
14	= += -= *= /= %= &= |= ^= ~= <<= >>= >>>=	从右向左

例 2-2 使用运算符，代码及运行结果如图 2-4 所示。

```java
package chap02;
public class Operator {
    public static void main(String[] args) {
        int iNum1=7,iNum2=5,iNum3=10;
        System.out.println("---条件:iNum1=7 iNum2=5 iNum3=10");
        System.out.println("x 除以 y 的结果为:"+iNum1/iNum2);
        System.out.println("x 除以 y 的余数为:"+iNum1%iNum2);
        System.out.println("x>=y 的结果为: "+(iNum1>iNum2));
        System.out.println("x==y 的结果为: "+(iNum1==iNum2));
        boolean bFirst,bSecond;
        bFirst=iNum1>iNum2;
        bSecond=iNum1<iNum3;
        System.out.println("\n---条件:a=x>y:"+bFirst+"b=x<z:"+bSecond);
        System.out.println("a 与(&)b 的结果为:"+(bFirst&bSecond));
        System.out.println("a 或 b(|)的结果为:"+(bFirst|bSecond));
        System.out.println("a 与 b 异或的结果为:"+(bFirst^bSecond));
        System.out.println("a 与(&&)b 的结果为:"+(bFirst&&bSecond));
        System.out.println("a 或 b(||)的结果为:"+(bFirst||bSecond));
        System.out.println("a 取反后或 b 的结果为:"+(!bFirst|bSecond));
        System.out.println("a 或 b 的结果取反为:"+(!(bFirst|bSecond)));
        int iTemp=12;
        System.out.println("\n---条件: iNum1=7 iTemp=12");
        iTemp+=iNum1;
        System.out.println("iTemp+=x 结果为:"+iTemp);
        iTemp-=iNum1;
        System.out.println("iTemp-=x 结果为:"+iTemp);
        iTemp*=iNum1;
        System.out.println("iTemp*=x 结果为:"+iTemp);
        iTemp/=iNum1;
        System.out.println("iTemp/=x 结果为:"+iTemp);
        int iResult=(iNum1>4)?iNum2:iNum3;
        System.out.println("d=(x>4)?y:z 的结果为:"+iResult);
    }
}
```

```
Markers  Properties  Servers  Data Source Explorer  Snippets  Console  Search
<terminated> Operator [Java Application] F:\Program Files\Java\jre7\bin\javaw.exe (2014-4-24 下午4:18:43)
---条件:iNum1=7 iNum2=5 iNum3=10
x除以y的结果为:1
x除以y的余数为:2
x>=y的结果为: true
x==y的结果为: false

---条件:a=x>y:trueb=x<z:true
a与(&)b的结果为:true
a或b(|)的结果为:true
a与b异或的结果为:false
a与(&&)b的结果为:true
a或b(||)的结果为:true
a取反后或b的结果为:true
a或b的结果取反为:false

---条件: iNum1=7 iTemp=12
iTemp+=x结果为:19
iTemp-=x结果为:12
iTemp*=x结果为:84
iTemp/=x结果为:12
d=(x>4)?y:z的结果为:5
```

图2-4　例2-2运行结果

2.4 流程控制

2.4.1　if 条件语句

Java 中的 if 条件语句有 4 种形式：简单的 if 条件语句、if-else 条件语句、if...else if 多分支语句和嵌套 if 语句。下面分别讲述这几种形式。

1．简单的 if 条件语句

简单的 if 条件语句就是对某种条件做出相应的处理。通常表现为“如果满足某种情况，那么就进行某种处理”，语法格式如下。

```
if(条件表达式){
语句序列
}
```

例如，如果今天下雨，我们就不出去玩，条件语句如下。

```
if(今天下雨){
      我们就不出去玩
}
```

2．if-else 条件语句

if...else 条件语句是条件语句的最通用的形式。通常表现为“如果满足某种条件，就做某种处理，否则做另一种处理”，语法格式如下。

```
if(条件表达式){
      语句序列 1
```

```
}else{
    语句序列 2
}
```

例如，如果指定年为闰年，二月份为 29 天，否则二月份为 28 天。

```
if(今年是闰年){
    二月份为 29 天
}else{
    二月份为 28 天
```

例 2-3 判断指定数的奇偶性，代码及运行结果如图 2-5 所示。

```java
package chap02;
import java.util.Scanner;
public class EvenOrOdd {
    public static void main(String[] args) {
        int num;
        Scanner in=new Scanner(System.in);
        System.out.print("请输入一个整数 ");
        num=in.nextInt();
        if(num%2==0)
            System.out.println("这是偶数");
        else
            System.out.println("这是奇数");
    }
}
```

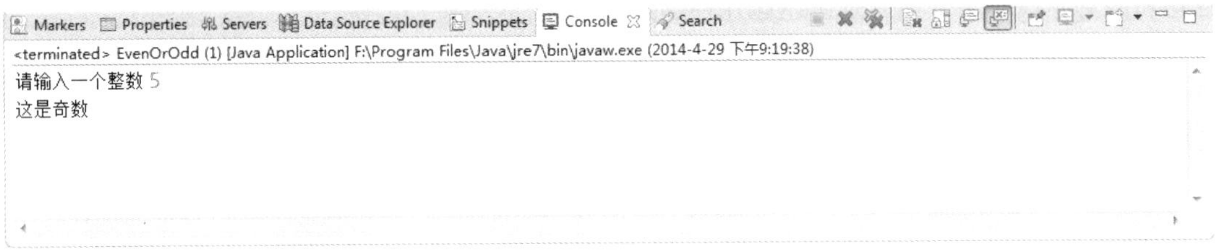

```
<terminated> EvenOrOdd (1) [Java Application] F:\Program Files\Java\jre7\bin\javaw.exe (2014-4-29 下午9:19:38)
请输入一个整数 5
这是奇数
```

图2-5　例2-3运行结果

3. if...else if 多分支语句

if...else if 多分支语句用于针对某一事件的多种情况进行处理。通常表现为"如果满足某种条件，就进行某种处理，否则如果满足另一种条件才执行另一种处理"，语法格式如下。

```
if(表达式 1){
    语句序列 1
}else if(表达式 2){
    语句序列 2
}else{
    语句序列 n
}
```

例如，如果今天是星期一，上数学课；如果今天是星期二，上语文课；否则上自习。

```
if(今天是星期一){
    上数学课
}else if(今天是星期二){
    上语文课
}else{
    上自习
}
```

4. 嵌套 if 语句

if 语句的嵌套就是在 if 语句中又包含一个或多个 if 语句。这样的语句一般都用在比较复杂的分支语句中，语法格式如下。

```
if(表达式 1){
    if(表达式 2){
        语句序列 1
    }else{
        语句序列 2
    }
}else{
    if(表达式 3){
        语句序列 3
    }else{
        语句序列 4
    }
}
```

> **注意**
>
> 在嵌套的语句中最好不要省略大括号，以提高代码的可读性。当出现多个 if 和多个 else 重叠时，Java 语言规定，else 总是与同一语句块中上面最近的且尚未匹配 else 的 if 匹配。

2.4.2 switch 语句

对于多选择分支的情况，可以用 if 语句的 if-else 形式或 if 语句嵌套处理，但大多数情况下显得比较麻烦。为此，Java 提供了另一种多分支选择的方法——switch 语句，语法格式如下。

```
switch(表达式){
    case 常量表达式 1: 语句序列 1
        [break;]
    case 常量表达式 2: 语句序列 2
        [break;]
    ……
    case 常量表达式 n: 语句序列 n
        [break;]
```

```
default：语句序列 n+1
    [break;]
```

有以下几点说明。

（1）switch 语句中表达式的值必须是整型或字符型，即 int、short、byte 和 char 型。switch 会根据表达式的值，执行符合常量表达式的语句序列。

（2）在 case 后的各常量表达式的值不能相同，否则会出现错误。

（3）在 case 后允许有多个语句，可以不用{ }括起来。当然也可作为复合语句用{ }括起来。

（4）各 case 和 default 语句的前后顺序可以变动，而不会影响程序执行结果，但把 default 语句放在最后是一种良好的编程习惯。

（5）break 语句用来在执行完一个 case 分支后，使程序跳出 switch 语句，即终止 switch 语句的执行。因为 case 子句只是起到一个标号的作用，用来查找匹配的入口并从此开始智能更新，对后面的 case 子句不再进行匹配，而是直接执行其后的语句序列，因此应该在每个 case 分支后，用 break 来终止后面的 case 分支语句的执行。在一些特殊情况下，多个不同的 case 值要执行一组相同的操作，这时可以不用 break 语句。

例 2-4 百分制成绩到五级制的转换，代码及运行结果如图 2-6 所示。

```java
package chap02;
import java.util.Scanner;
public class ScoreToGrade {
    public static void main(String[] args) {
        char cGrade;
        int iScore;
        Scanner sc=new Scanner(System.in);
        System.out.println("请输入成绩:");
        iScore=sc.nextInt();
        switch(iScore/10){
        case 10:cGrade='A';break;
        case 9:cGrade='A';break;
        case 8:cGrade='B';break;
        case 7:cGrade='C';break;
        case 6:cGrade='D';break;
        default: cGrade='E';
        }
        System.out.println("您的成绩为:"+iScore+"\t"+"等级为:"+cGrade);
    }
}
```

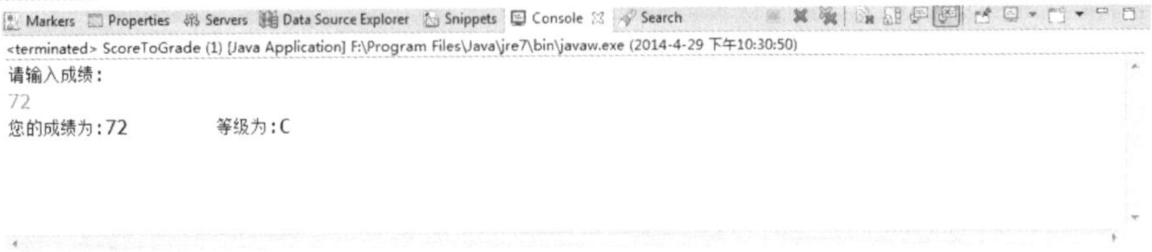

```
<terminated> ScoreToGrade (1) [Java Application] F:\Program Files\Java\jre7\bin\javaw.exe (2014-4-29 下午10:30:50)
请输入成绩:
72
您的成绩为:72        等级为:C
```

图2-6 例2-4运行结果

2.4.3 while 循环语句

while 循环语句是用一个表达式来控制循环的语句，语法格式如下。

```
while(表达式){
    语句序列
}
```

while 语句在循环的每次迭代前检查表达式。如果条件是 true，则执行循环，如果条件是 false，则该循环永远不执行。while 语句一般用于一些简单重复的工作，这也是计算机擅长的。另外和将要讲到的 for 语句相比，while 语句可以处理事先不知道要重复多少次的循环，其执行流程如图 2-7 所示。

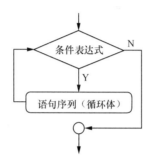

图2-7　while循环语句的流程图

例 2-5　打印数字 1~5，代码及运行结果如图 2-8 所示。

```java
package chap02;
public class PrintNumber {
    public static void main(String[] args) {
        int counter=1;
        while(counter<=5)
        {
            System.out.println("counter="+counter);
            counter++;
        }
    }
}
```

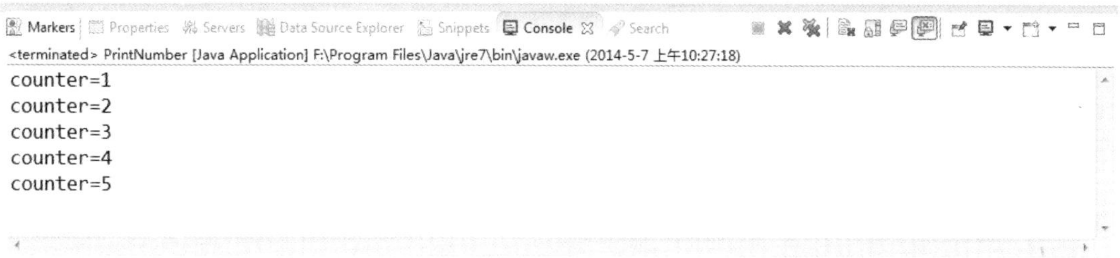

```
Markers  Properties  Servers  Data Source Explorer  Snippets  Console  Search
<terminated> PrintNumber [Java Application] F:\Program Files\Java\jre7\bin\javaw.exe (2014-5-7 上午10:27:18)
counter=1
counter=2
counter=3
counter=4
counter=5
```

图2-8　例2-5运行结果

2.4.4 do-while 循环语句

do...while 循环语句称为后测试循环语句，它利用一个条件来控制是否要继续重复执行这个语句，语法格式如下。

```
do{
    语句序列
}while(表达式);
```

do...while 循环语句首先执行循环体，然后判断表达式，结果为 true，继续循环，否则，结束循环。与 while 语句不同的是，do-while 循环不管条件成不成立，都会在计算表达式之前执行一次，其执行流程如图 2-9 所示。

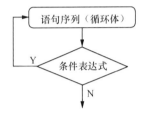

图2-9　do-while循环语句的流程图

例 2-6　计算从 1 开始的连续 n 个自然数之和，当其和刚好超过 200 时结束，求这个 n 值，代码及运行结果如图 2-10 所示。

```java
package chap02;
public class Example2_6 {
    public static void main(String[] args) {
        int n=0;
        int sum=0;
        do
        {
            n++;
            sum+=n;
        }while(sum<=200);
        System.out.println("sum="+sum);
        System.out.println("n="+sum);
    }
}
```

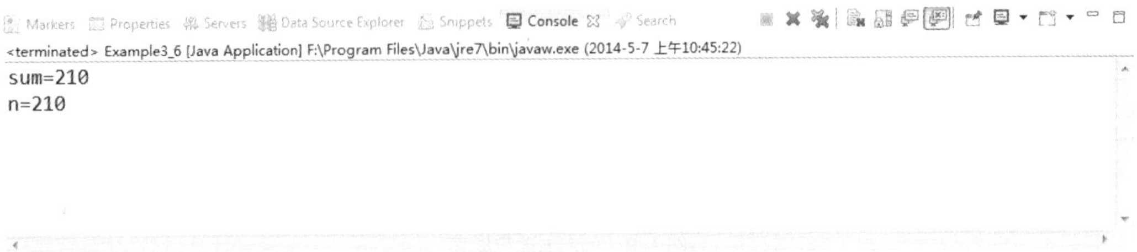

```
<terminated> Example3_6 [Java Application] F:\Program Files\Java\jre7\bin\javaw.exe (2014-5-7 上午10:45:22)
sum=210
n=210
```

图2-10　例2-6运行结果

2.4.5 for 循环语句

for 循环是使用最广泛的一种循环,并且灵活多变,主要适用在已知循环次数的情况下,进行循环操作,语法格式如下。

```
for(表达式1--初始化;表达式2--条件;表达式3--迭代)
{
语句或语句块 (循环体)
}
```

for 循环语句首先执行初始化语句,然后判断循环条件,当循环条件为 true 时,就执行一次循环体,最后执行迭代语句,改变循环变量的值。这样就结束了一轮的循环。接下来进行下一次循环(不包括初始化语句),直到循环条件的值为 false 时,才结束循环,其执行流程如图2-11所示。

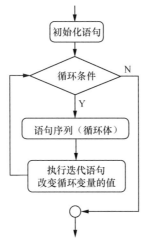

图2-11 for循环语句的流程图

有以下几点说明。
(1) for 后的圆括号中通常含有3个表达式,各表达式之间用";"隔开。
(2) 初始化、条件以及迭代部分都可以为空语句,三者均为空时,相当于死循环。

例2-7 求自然数1~100所有偶数之和,代码及运行结果如图2-12所示。

```java
public class Example2_7{
    public static void main(String[] args) {
        int sum=0,odd;
        for(odd=0;odd<=100;odd+=2)
        {
            sum+=odd;
        }
        System.out.println("sum="+sum);
        System.out.println("odd="+odd);
    }
}
```

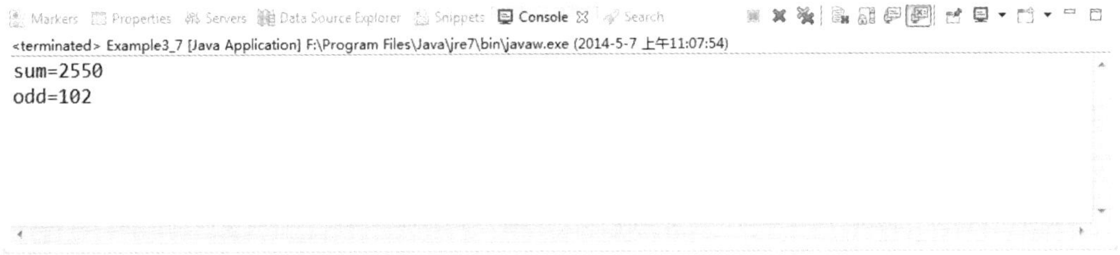

```
sum=2550
odd=102
```

图2-12　例2-7运行结果

2.4.6　循环嵌套语句

循环的嵌套就是在一个循环体内又包含另一个完整的循环结构，而在这个完整的循环体内还可以嵌套其他的循环体结构。循环嵌套很复杂，在 for 语句、while 语句和 do…while 语句中都可以嵌套。

例 2-8　用嵌套 for 语句输出九九乘法表，代码及运行结果如图 2-13 所示。

```java
package chap02;
public class Example2_8 {
    public static void main(String[] args) {
        for(int i=1;i<=9;i++)
        {
            for(int j=1;j<=i;j++)
                System.out.print(i*j+" ");
            System.out.println();
        }
    }
}
```

```
1
2 4
3 6 9
4 8 12 16
5 10 15 20 25
6 12 18 24 30 36
7 14 21 28 35 42 49
8 16 24 32 40 48 56 64
9 18 27 36 45 54 63 72 81
```

图2-13　例2-8运行结果

2.4.7　break 语句

break 语句可以终止循环或其他控制结构。它在 for、while 或 do…while 循环中，用于强行终止循环。只要执行到 break 语句，就会终止循环体的执行。break 语句在 switch 多分支语句里也适用。

break 语句通常适用于在循环体中通过 if 判定退出循环条件，如果条件满足，程序还没有执行完循环时使用 break 语句强行退出循环体，执行循环体后面的语句。

如果是双重循环，而 break 语句处在内循环，那么在执行 break 语句后只能退出内循环，如果想要退出外循环，要使用带标记的 break 语句。

例 2-9 从 1 开始，每次递增 1，求平方数，当平方大于 100 时退出循环，代码及运行结果如图 2-14 所示。

```
package chap02;
public class Example2_9 {
    public static void main(String[] args) {
        for (int i=0;i<100;i++)
        {
            if (i*i>100) break;
            System.out.println("i="+i+"  "+"i*i="+(i*i));
        }
    }
}
```

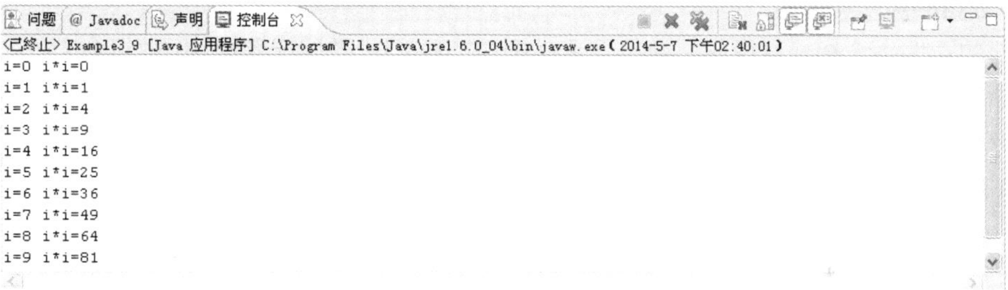
问题 @ Javadoc 声明 控制台
<已终止> Example3_9 [Java 应用程序] C:\Program Files\Java\jre1.6.0_04\bin\javaw.exe (2014-5-7 下午02:40:01)
i=0 i*i=0
i=1 i*i=1
i=2 i*i=4
i=3 i*i=9
i=4 i*i=16
i=5 i*i=25
i=6 i*i=36
i=7 i*i=49
i=8 i*i=64
i=9 i*i=81

图2-14　例2-9运行结果

2.4.8 continue 语句

continue 语句应用在 for、while 和 do...while 等循环语句中，如果在某次循环体的执行中执行了 continue 语句，那么本次循环就中断结束，即不再执行本次循环中 continue 语句后面的语句，而进行下一次循环。

例 2-10 打印 0～50 的偶数，代码及运行结果如图 2-15 所示。

```
package chap02;
public class Example2_10 {
    public static void main(String[] args)
    {
        for (int i = 0; i<= 50; i++)
        {
            if ((i % 2)!= 0)
                continue;//如果i是奇数，本次循环中断，跳过下面一步输出语句，进行下一次循环
            System.out.print(i+" ");
        }
    }
}
```

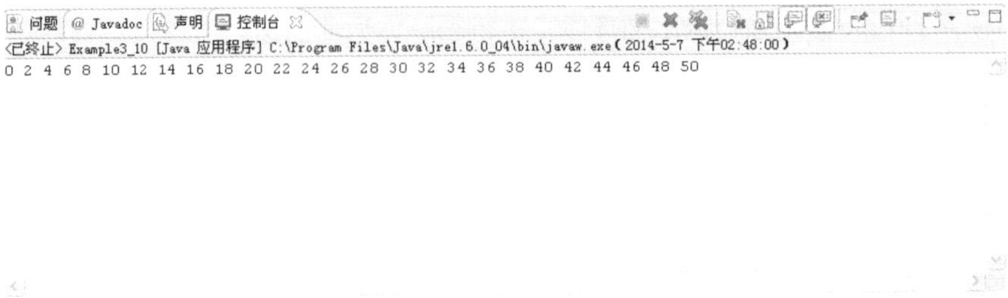

图2-15 例2-10运行结果

2.5 数组

数组是一种常用的数据结构，相同数据类型的元素按一定顺序排列就构成了数组。数组中的各元素是有先后顺序的，它们在内存中按照这个先后顺序连续存放在一起。

2.5.1 一维数组

1. 数组的声明和创建

数组的声明语法格式有两种：数组元素类型 数组名[]或数组元素类型[]数组名。

例如：

```
int [ ] a;                //声明一个引用 int 型数组的变量 a
String  s[ ];             //声明一个引用 String 型数组的变量 s
```

声明数组变量后，并没有在内存中为数组分配存储空间。只有使用关键字 new 创建数组后，数组才拥有一片连续的内存单元，创建数组的格式：

```
变量名 = new 数据类型[长度];
```

变量名必须是已声明过的数组引用变量，长度指定了数组元素的个数，必须是自然数。

例如：

```
a = new int[5];
```

也可以在声明数组的同时创建数组。

例如：

```
int [ ] a = new int[5];
String  s[ ] = new String[10];
```

2. 数组的初始化

数组分配了内存空间后就可以使用这些空间放置数据了，第一次存放数据元素的过程称为初始化。数组的初始化有两种，一种是在创建数组空间的同时给出各数组元素的初值。另一种是直接给数组的每个元素指定初始值，系统自动根据所给出的数据个数为数组分配相应的存储空间，这样可以省略空间的 new 运算符。

例如：

```
int[]  nums = {1,2,3};
int[]  nums = new int[]{1,2,3};
```

例 2-11　读取队列元素，代码及运行结果如图 2-16 所示。

```java
package chap02;
public class Queue {
    public static void main(String[] args) {
        int i;
        int a[]=new int[5];
        for(i=0;i<5;i++){
            a[i]=i;
        }
        for(i=a.length-1;i>=0;i--){
            System.out.println("a["+i+"]="+a[i]);
        }
    }
}
```

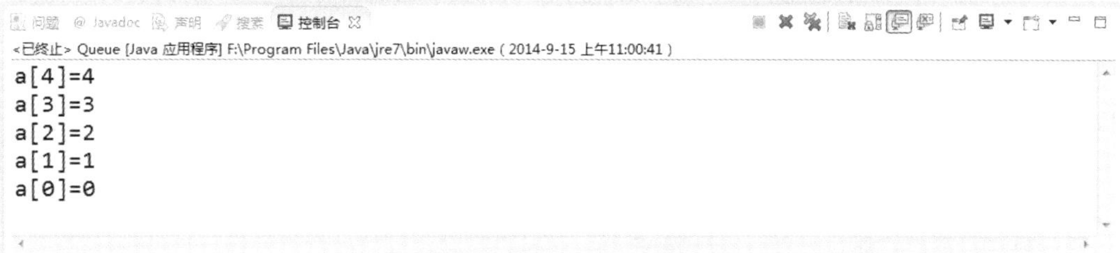

```
<已终止> Queue [Java 应用程序] F:\Program Files\Java\jre7\bin\javaw.exe（2014-9-15 上午11:00:41）
a[4]=4
a[3]=3
a[2]=2
a[1]=1
a[0]=0
```

图2-16　例2-11运行结果

2.5.2　二维数组

二维数组的声明与一维数组相似，只是需要给出两对方括号。格式如下：

类型标识符 数组名[][];或类型标识符[][]数组名;

在初始化二维数组时，可以只指定数组的行数而不给出数组的列数，每一行的长度由二维数组引用时决定，但不能只指定列数而不指定行数。不指定行数只指定列数是错误的。

例如，声明并创建了一个整型二维数组 table。

```
int  table[ ][ ];              // 或int[ ][ ] table;
table = new int[2][3];
```

也可以声明时创建数组，写成：

```
int  table[ ][ ] = new int[ 2][3];
```

声明二维数组也可以同时赋初值，例如：

```
int  table[ ][ ] = { {1,2,3}, {4,5,6}};
```

引用二维数组中的元素必须使用两个下标，指出第几行、第几列。例如，第一行、第一列为 table[0][0]，第二行、第三列为 table[1][2]。

例 2-12　生成九九乘法表的输出，代码及运行结果如图 2–17 所示。

```
package chap02;
public class Example2_12 {
    public static void main(String[] args) {
        int a[][]=new int[9][9];
        //  生成九九乘法表
        for(int i=0;i<a.length;i++)
            for(int j=0;j<a[i].length;j++)
            {
                a[i][j]=(i+1) * (j+1);
            }
        for(int i=0;i<a.length;i++)
        {
            for(int j=0;j<=i;j++)
                System.out.print(a[i][j]+" ");
            System.out.println();
        }
    }
}
```

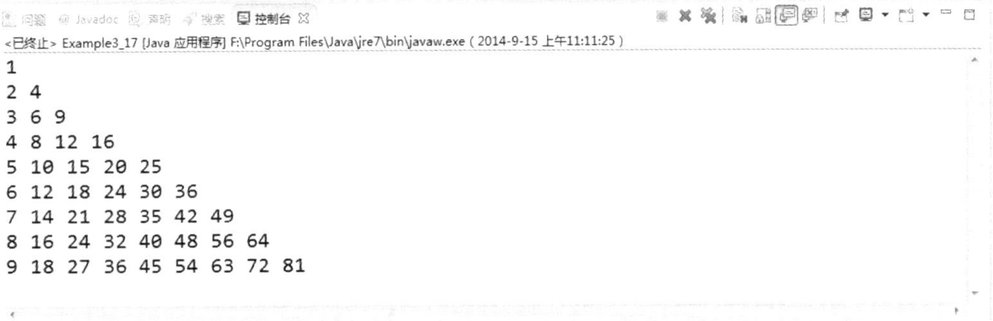
控制台
<已终止> Example3_17 [Java 应用程序] F:\Program Files\Java\jre7\bin\javaw.exe (2014-9-15 上午11:11:25)
1
2 4
3 6 9
4 8 12 16
5 10 15 20 25
6 12 18 24 30 36
7 14 21 28 35 42 49
8 16 24 32 40 48 56 64
9 18 27 36 45 54 63 72 81

图2–17　例2–12运行结果

习题二

一、选择题

1. 在下列标识符的命名中，正确的是（　　）。

   A. MyName　　B. else　　C. 2Time　　D. My–Name

2. 以下给出的数据类型中，不属于 Java 语言的数据类型是（　　）。

   A. byte　　B. short　　C. integer　　D. char

3. 下列各项中定义变量及赋值不正确的是（　　）。

   A. int I = 32;　　B. float f = 45.0;　　C. double d = 45.0;

4. Java 语言中，整型常数 123 占用的存储字节数是（　　）。

A. 1　　　　　B. 2　　　　　C. 4　　　　　D. 8
5. 下面哪些标识符是正确的（　　）。
A. MyWorld　　B. parseXML　　C. -value　　D. &maybe

二、填空题

1. Java 的基本数据类型包含_____、_____、_____、_____、_____、_____、_____ 和_____。
2. 变量主要用来_____，是用标识符命名的数据项，是程序运行过程中可以改变值的量。
3. 下列程序段执行后的结果是_____。

```
String s=new String("abcdefg");
for(int i=0;i<s.length();i+=2)
{
    System.out.print(s.charAt(i));
}
```

4. 以下代码的编译运行结果是_____。

```
public class Test{
    public static void main(String[] args){
      int age;
      age = age + 1;
      System.out.println("the age is" + age);
    }
}
```

（1）编译通过，运行无输出
（2）编译通过，运行结果为"the age is 1"
（3）编译通过但运行时出错
（4）不能通过编译

5. 运行以下程序片段，则输出结果是_____和_____。

```
String sl="0.5", s2="12";
double x=Double.parseInt(s1);
int y=Integer.parseInt(s2);
System.out.println(x+y);
System.out.println(""+x+y);
```

三、编程练习题

1. 使用条件判断语句 if 判断两个变量的大小，两变量的值随意给定，运行效果如图 2-18 所示。

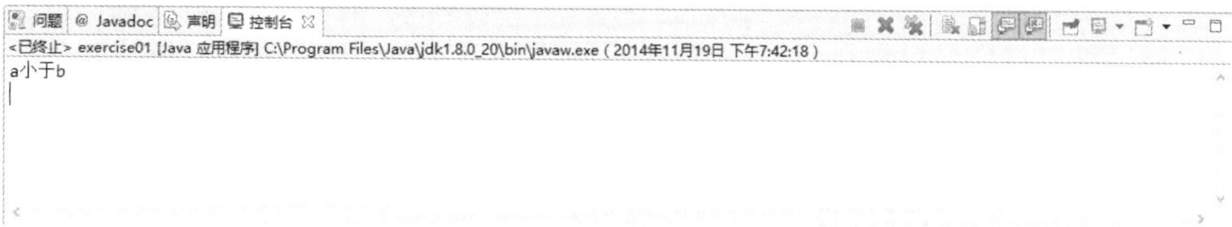

图2-18

2. 使用条件判断语句 if-else 结构比较两个变量 a=22，b=9 的大小，运行效果如图 2-19 所示。

图2-19

3. 给定 3 个整数 20，25，30，请使用流程控制把这 3 个数由小到大输出，运行效果如图 2-20 所示。

图2-20

4. 打印出杨辉三角形（要求打印出 6 行，如图 2-21 所示）（二维数组）。

图2-21

5. 输出 100 以内的素数，运行效果如图 2-22 所示。

图2-22

第 3 章 面向对象

【本章导读】

类是 Java 中一个重要概念,要想熟练使用 Java 语言,就一定要掌握类的使用。本章主要介绍 Java 语言中的类和对象,类的 3 大特性:封装、继承和多态,抽象类的基本概念和接口知识,内部类的使用以及异常的相关操作等。

【学习目标】

- 了解类和对象的相关概念
- 了解封装、继承和多态的相关概念
- 了解抽象类的基本概念
- 了解接口的基本概念
- 了解内部类的使用方法
- 了解异常的基本概念

3.1 面向对象入门

3.1.1 面向对象的概念

所谓面向对象是指面向客观事物之间的关系。人类日常的思维方式是面向对象的,自然界事物之间的关系是对象与对象之间的关系。

面向对象主要围绕以下几个概念:对象、类、属性、方法、封装、继承和多态。

1. 对象

面向对象编程(Object Oriented Programming, OOP)将现实世界中的所有事物视为对象。对象具有属性和行为。每个对象都有各自的属性和行为,描述它是什么样或执行什么任务。对象是存在的具体实体,具有明确定义的状态和行为。

2. 类

多个对象所共有的属性或操作组合成一个单元称为"类"。如果将对象比作房子,那么类就是房子的设计图纸。由类来确定对象拥有的特征(属性)和行为(方法)。在面向对象的程序设计中,类是程序的基本单元。

3. 属性

对象的特征在类中表示为成员变量,称为类的属性。例如,每个员工对象都有姓名,年龄和体重,它们是类中所有员工共享的公共属性。

每个对象的每个属性都拥有其特别的值,但是属性名称由类的所有实例共享。

4. 方法

方法是对象执行操作的一种规范。方法指定以何种方式操作对象的数据,是操作的实际实现。

5. 封装

对于 OOP 而言,封装是将方法和属性一起包装到一个程序单元中。这些单元以类的形式实现。在 OOP 中,每当定义对象时,往往将相互关联的数据和功能绑定在一起。就像将药用胶囊中的化学药品包装起来一样,这种做法称为封装。封装的好处之一就是隐藏信息。

6. 继承

在 OOP 中,使用已存在的类的定义作为基础来建立新类的技术称为继承,新类的定义可以增加新的数据或新的功能,也可以用父类的功能,但不能选择性地继承父类。

7. 多态

所谓多态指允许不同类的对象对同一消息做出响应。即同一消息可以根据发送对象的不同而采用多种不同的行为方式。比如,你的老板让所有员工在九点钟开始工作,他只要在九点钟的时候说:"开始工作"即可,而不需要对销售人员说:"开始销售工作",对技术人员说:"开始技术工作",因为"员工"是一个抽象的事物,只要是员工就可以开始工作,他知道这一点就行了。至于每个员工,当然会各司其职,做各自的工作。

3.1.2 面向过程与面向对象

面向对象是一种思想,与之相对应的是面向过程,为了更好地理解面向对象,可以用面向过程来与之比较。

例如，如何把大象放冰箱？

在面向过程当中，我们需要 3 个函数，分别是"打开冰箱门""把大象放冰箱里"和"关闭冰箱门"，它们之间的调用顺序是打开冰箱——把大象放冰箱里——关闭冰箱门，期间顺序不能变。如图 3-1 左边所示。

而到了面向对象这里，我们会发现这 3 个函数都是对事物"冰箱"做操作，因此可以创建"冰箱"这个对象，把这 3 个函数封装进去，直接通过冰箱调用即可，如图 3-1 右边所示。

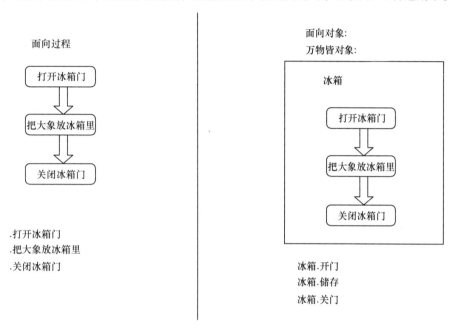

图3-1　面向过程与面向对象比较

我们发现，面向对象的重点是"对象"，而对象即是把某一类事物的特性抽取出来封装成对象，遵循"万事万物皆对象"。

3.2　面向对象编程

3.2.1　声明类

语法格式如下。

```
[<修饰符>] class <类名> [extends <父类名>] [implements <接口名称> ]
{ [程序代码]}
```

类可以将数据和函数封装在一起，其中数据表示类的属性，函数表示类的行为。定义类就是要定义类的属性与行为（方法）。

例如：

```
public class Person {
```

```
    //声明属性：修饰符+属性类型+属性名称=初始值
    int  age;
    //声明行为
    void shout(){
        System.out.println("hello,my age is "+age);
    }
}
```

在类的声明中存在实例变量和局部变量两种变量，下面对这两种变量进行区分说明。

1. 实例变量

- 指在一个类中任何方法之外定义的变量，从面向对象的思想来说我们又把实例变量称为一个类的属性。
- 实例变量在没有赋初值时系统会自动对其初始化。byte、short、int、long、float、double 类型默认值是 0，boolean 类型默认值是 false，char 类型默认值是 '\u0000'（空格），引用类型默认是 null。

2. 局部变量

- 在方法内定义的变量叫局部变量。
- 局部变量使用前必须初始化，系统不会自动给局部变量做初始化。
- 局部变量的生命周期在它所在的代码块，在重合的作用域范围内不允许两个局部变量命名冲突。例如：

```
public class Olympics {
        private int medal_All=800;          //实例变量
        public void China(){
            int medal_CN=100;               //方法的局部变量
            if(medal_CN<1000){              //代码块
                int gold=50;
                medal_CN+=50;               //允许访问
                medal_All-=150;             //允许访问
            }
        }
}
```

> **注意**
>
> 局部变量与实例变量允许同名，在局部变量的作用域内，其优先级高于实例变量。可以用 this.实例变量名以区分局部变量。

3.2.2 创建对象

在 Java 中，创建对象包括声明对象和为对象分配内存两部分。

1. 声明对象

对象是类的实例,属于某个已经声明的类。因此,在对对象进行声明之前,一定要先定义该对象的类。声明对象的语法格式如下。

```
类名  对象名；
```

例如,声明 Person 类的一个对象 person。

```
Person person ;
```

在声明对象时,只是在栈内存中为其建立一个引用,并置初值为 null,表示不指向任何内存空间。因此,使用时还需要为对象分配内存。

2. 为对象分配内存

为对象分配内存也称为实例化对象。在 Java 中使用关键字 new 来实例化对象。为对象分配内存的语法格式如下。

```
对象名= new  构造方法名（[参数列表]）
```

例如,在声明 Person 类的一个对象 person 后,可以通过以下代码在堆内存中为对象 person 分配内存,如图3-2所示。

```
Person person=new Person();
```

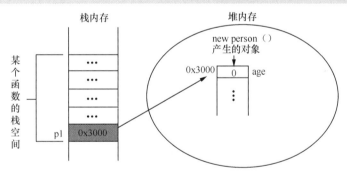

图3-2　对象实例化时的内存分配图

3.2.3 封装

封装就是把对象的属性和服务结合成一个独立的单位,并尽可能隐蔽对象的内部细节,从编程角度理解就是将属性设置为私有的,并为属性提供公共的访问方法。实现封装可以达到以下目的。

- 隐藏类的实现细节。
- 让使用者只能通过事先定制好的方法来访问数据,可以方便地加入控制逻辑,限制对属性的不合理操作。
- 便于修改,增强代码的可维护性。
- 可进行数据检查。

例 3-1　代码及运行结果如图 3-3 所示。

```
package chap03;
class Person{
```

```java
        private int age;                        //属性设置为私有
        void shout(){
            System.out.println("hello,my age is "+age);
        }
        public int getAge() {                   //公共的访问方法
            return age;
        }
        public void setAge(int a) {             //公共的访问方法
            if(a>0){
                age = a;
            }
        }
    }
    public class PersonDemo{
        public static void main(String[] args) {
            Person person=new Person();
//          person.age=20;                      //不能调用私有权限属性
            person.setAge(20);                  //调用公共的访问方法
            System.out.println(person.getAge());//调用公共的访问方法

        }
    }
```

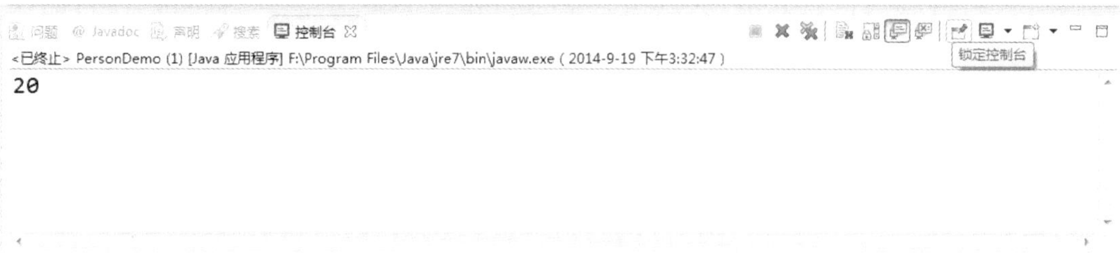

```
20
```

图3-3 例3-1运行结果

3.2.4 权限访问修饰符

根据类的封装性，设计者既要为类提供与其他类或者对象联系的方法，又要尽可能地隐藏类中的实现细节。为了实现类的封装性，要为类及类中成员变量和成员方法分别设置必要的访问权限，使所有类、子类、同一包中的类、本类等不同关系的类之间具有不同的访问权限。

访问修饰符是一组限定类、属性或方法是否可以被程序里的其他部分访问和调用的修饰符，这些修饰符提供了不同级别的访问权限。

public、protected、无修饰符、private，这 4 种级别的修饰符可以用来修饰类、方法和字段，它们的权限如表 3-1 所示。

表 3-1　权限访问修饰符

修饰符	包外	子类	包内	类内
public	yes	yes	yes	yes
protected	no	yes	yes	yes
无修饰符	no	no	yes	yes
private	no	no	no	yes

3.2.5　包

在 Java 语言中，为了对同一个项目中的多个类和接口进行分类和管理，防止命名冲突，以及将若干相关的类组合成较大的程序单元，则把这些类放在同一个文件夹下进行管理，此文件夹称其为包。

1. 包的定义

程序中包的定义用 package 关键词，格式如下。

```
package 包名;
```

这个语句必须放在源文件的第一句，并且语句前面无空格。包名一般全部用小写。Java 中对包的管理类似于操作系统中对文件系统目录的管理。在包语句中用圆点（.）实现包之间的嵌套，表明包的层次。编译后的 class 文件必须放在与包层次相对应的文件夹中。

2. 包的引用

当一个类或接口用 public 修饰时，这个类就可以被其他包中的类所使用。如果一个类或接口没有用 public 修饰时，这个类就只能被同一个包中的类所使用。

使用包外的类有两种方法，一种使用引入语句，用关键字 import 导入包。例如：

```
import p1.*;              //将 p1 包下的类都导入
import p2.OtherPackage;   //只导入 p2 包下的 OtherPackage 类
```

另一种采用前缀包名法，在要引用其他类的类名前添加这个类所属的包名和圆点操作符。例如：

```
p1.SuperClassA ob1=new p1.SuperClassA();
```

3.2.6　构造方法

在类中有一种特殊的方法叫作构造方法，该方法名与类同名，它是产生对象时需要调用的方法，不需要写返回值类型，是类实例化时调用的一个方法。可以根据需要定义类的构造方法，进行特定的初始化工作。构造方法有以下特点。

（1）方法名和类的名字一样。

（2）不能用 static、final 等修饰。

（3）没有返回值。

（4）在对象初始化的时候调用，用关键字 new 来初始化。

(5)如果一个类没有构造方法,系统会默认提供一个公共的无参的构造方法,如果有构造方法,就使用用户定义的构造方法。

例 3-2 代码及运行结果如图 3-4 所示。

```java
package chap03;
public class Apple {
    int num;
    float price;
    public Apple() {               //无参构造方法
        num=10;
        price=8.34f;
    }
    public static void main(String[] args) {
        Apple apple=new Apple();
        System.out.println("苹果数量: "+apple.num);
        System.out.println("苹果单价: "+apple.price);
    }
}
```

```
苹果数量: 10
苹果单价: 8.34
```

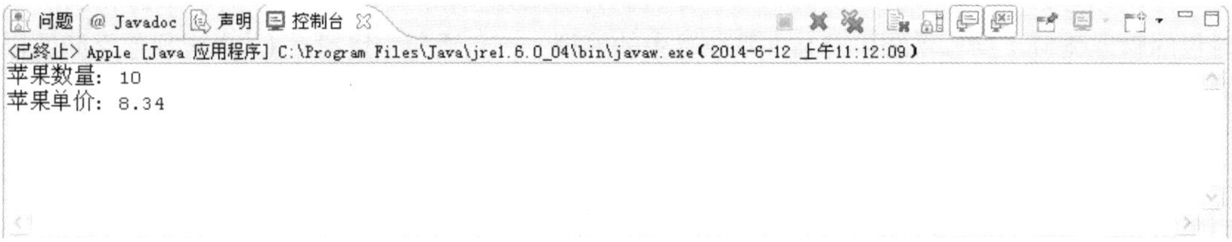

图3-4 例3-2运行结果

例 3-3 代码及运行结果如图 3-5 所示。

```java
package chap03;
public class Apple {
    int num;
    float price;
    public Apple(int n,float f) {          //有参构造方法
        num=n;
        price=f;
    }
    public static void main(String[] args) {
        Apple apple=new Apple(10,8.34f);
        System.out.println("苹果数量: "+apple.num);
        System.out.println("苹果单价: "+apple.price);
    }
}
```

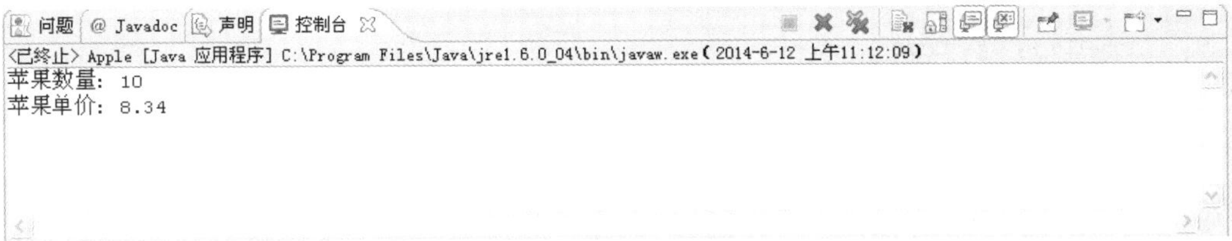

```
苹果数量: 10
苹果单价: 8.34
```

图3-5 例3-3运行结果

3.2.7 方法重载

在一个类中，出现多个方法名相同，但参数个数或参数类型不同的方法，称为方法的重载。Java 在执行具有重载关系的方法时，将根据调用参数的个数和类型区分具体执行的是哪个方法。重载的方法之间并不一定必须有联系，但是为了提高程序的可读性，一般只重载功能相似的方法。

重载一般分为构造方法重载和成员方法重载。

例 3-4 代码及运行结果如图 3-6 所示。

```java
package chap03;
public class Person {
    private int age;                              //属性设置为私有
    public Person(){                              //构造方法重载
    }
    public Person(int a){                         //构造方法重载
        age = a;
    }
    public void shout(int time){                  //成员方法重载
        for(int i=0;i<time;i++){
            System.out.println("hello,my age is "+age);
        }
    }
    public void shout(){                          //成员方法重载
        System.out.println("hello,my age is "+age);
    }
    public static void main(String[] args) {
        Person person1=new Person();              //调用无参构造方法
        Person person2=new Person(20);            //调用有参构造方法
        person1.shout();                          //调用无参成员方法
        person2.shout();                          //调用无参成员方法
        person1.shout(3);                         //调用有参成员方法
        person2.shout(3);                         //调用有参成员方法
    }
}
```

```
hello,my age is 0
hello,my age is 20
hello,my age is 0
hello,my age is 0
hello,my age is 0
hello,my age is 20
hello,my age is 20
hello,my age is 20
```

图3-6　例3-4运行结果

3.2.8　this 修饰符

关键字 this 在 Java 类中表示对象自身的引用值。this 可以有以下两种用法。
（1）代表当前对象。
（2）调用本类的其他构造方法。

例 3-5　代码及运行结果如图 3-7 所示。

```java
package chap03;
class Date{
    private int year;                              //私有变量声明
    private int month;                             //私有变量声明
    private int day;                               //私有变量声明
    public Date(int year,int month,int day)        //指定参数的构造方法声明
    {
    /*当成员方法的参数和成员变量同名时，在方法体中，需要使用 this 引用成员变量，this
一般不省略。当没有同名成员时，this 可省略。*/
        this.year=year;
        this.month=month;
        this.day=day;
    }
    public Date()                  //无参数的构造方法重载
    {
        this(2011,10,1);           //调用本类已定义的其他构造方法
    }
    public Date(Date oday)         //拷贝构造方法，由已存在对象创建新对象
    {
        this(oday.year,oday.month,oday.day);
    }
    public void setYear(int year)  //变量赋值
    {
        this.year=year;            //指代当前对象
    }
    public int getYear()           //获取变量的值
    {
        return year;
```

```java
    }
    public void setMonth(int month)         //变量赋值
    {
    this.month=month;
    }
    public int getMonth()
    {

        return this.month=((month>=1)&(month<=12))?month:1;
    }
    public void setDay(int day)             //变量赋值
    {
    this.day=day;
    }
    public int getDay()
    {
        return this.day=((day>=1)&(day<=31))?day:1;
    }
    public String toString()                //返回年月日格式
    {
        return this.year+"-"+this.month+"-"+this.day;
    }
    public void print()                     //输出年月日
    {
        System.out.println("date is "+this.toString());
    }
}
public class DateTest{
public static void main(String args[]){
        Date oday1 = new Date();            //默认参数的构造方法
        Date oday2 = new Date(2011,6,26);   //已知参数的构造方法
        Date oday3 = new Date(oday2);       //由已知对象创建新对象
        oday1.print();
        oday2.print();
        oday3.print();
    }
}
```

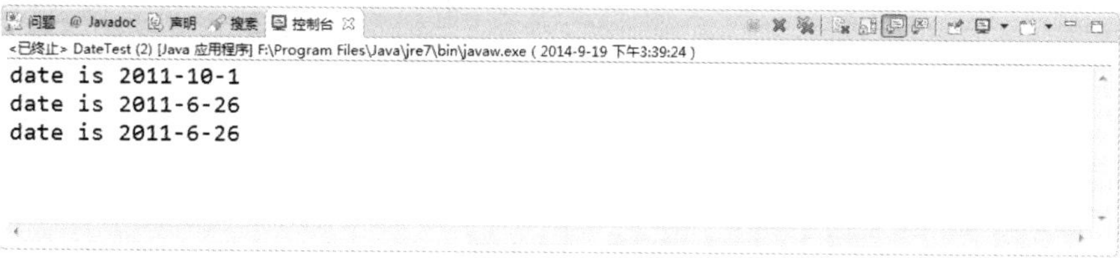

```
date is 2011-10-1
date is 2011-6-26
date is 2011-6-26
```

图3-7 例3-5运行结果

3.2.9 static 修饰符

关键字 static 在 Java 类中用于声明静态变量和静态方法，有以下几点说明。

（1）可以修饰变量、方法、初始代码块，成为类变量、静态方法、静态初始化代码块。

（2）类变量、静态方法、静态初始化代码块与具体的某个对象无关，只与类相关，是类公有的，类变量和静态方法可以在没有对象的情况下用：类名.方法名（或者变量名）来访问。

（3）在静态方法里不能访问非静态的变量或者方法，也不能出现 this 关键字。

（4）静态初始化代码块只在类加载的时候运行一次，以后再也不执行了。所以静态代码块一般被用来初始化静态成员。

（5）static 不能修饰局部变量。

（6）创建一个对象的时候，先初始化静态变量、执行静态代码块，再初始化属性，最后执行构造方法。

（7）main()方法前面必须加 static 修饰符。由于 Java 虚拟机需要调用类的 main()方法，所以该方法的权限必须是 public，又因为 Java 虚拟机在执行 main()方法时不必创建对象，所以该方法必须是 static 的，该方法接受一个 String 类型的数组参数。

例 3-6　代码及运行结果如图 3-8 所示。

```java
package chap03;
public class StaticTest {
    //main()方法是静态方法，静态方法无需实例化对象就可直接使用
    public static void main(String[] args) {
    /*调用 Math 类的 round()静态方法，其功能是对参数值进行四舍五入处理，并将处理的结果返回。*/
        System.out.println(Math.round(2.56));
        String s = toChar(5.678); //调用了 StaticTest 类中定义的 toChar() 静态方法
        System.out.println("e=" + s);
    }
    public static String toChar(double x) //声明静态方法
    {
    /*调用 Double 类的 toString()静态方法,其功能是将 Double 类型的参数值转换为 String 类型并返回。*/
        return Double.toString(x);
    }
}
```

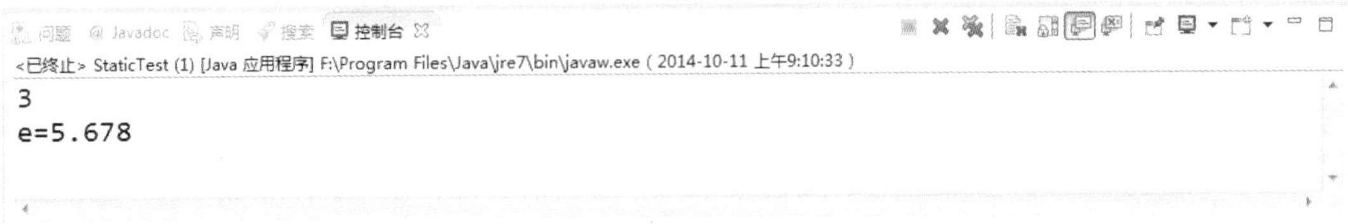

```
3
e=5.678
```

图3-8　例3-6运行结果

3.2.10 参数传递

(1)值传递:方法参数如果是 8 种基本类型的,都属于值传递,传的是数值,相当于进行一个值拷贝。

(2)引用传递:方法参数如果是引用类型的,都属于引用传递,传的是地址,相当于进行一个地址的拷贝。

例 3-7 代码及运行结果如图 3-9 所示。

```java
package chap03;
class Student {
    private String name;
    private String gender;
    private int age;
    public Student(String n, String g, int a) {
        name = n;
        age = a;
        gender = g;
    }
    public void setName(String name) {
        this.name = name;
    }
    public String getName() {
        return name;
    }
    public void setGender(String g) {
        gender = g;
    }
    public String getGender() {
        return gender;
    }
    public void setAge(int a) {
        age = a;
    }
    public int getAge() {
        return age;
    }
}
public class ParameterTest {
    static Student changeStudent(Student stu) {
        stu = new Student("M", "female", 20);
        return stu;
    }
    public static void main(String[] args) {
        Student st = new Student("G", "male", 18); //构造方法中值传递
```

```
        System.out.println("before changeName() " + st.getName());
        st = changeStudent(st);        //方法参数是引用类型的属于引用传递
        System.out.println("after changeName() " +st.getName());

    }
}
```

```
before changeName() G
after changeName() M
```

图3-9　例3-7运行结果

3.3 继承

3.3.1 继承概念

继承是使用已存在的类的定义作为基础建立新类的技术，它允许创建分等级层次的类。被继承的类称为超类或父类（superclass），继承超类产生的新类称为子类或派生类（subclass）。

子类是超类的一个专门用途版本，它继承了超类定义的所有实例变量和方法，并且为它自己增添了独特的元素。

类的定义中，通过关键字 extends 指定超类，格式如下。

```
class 子类名 extends 超类名
{
    //类体，声明自己的成员变量和成员方法
}
```

例如：

```
class Dog extends Animal        //表示狗类继承了动物类
```

继承规则需要注意以下几点。

（1）Java 中只允许单继承（Java 简单性的体现）。
（2）子类继承了其父类的代码和数据，但它不能访问声明为 private 的超类成员。
（3）在子类中可以增加父类中没有的变量和方法。
（4）在子类中可以重载父类中已有的方法，包括构造方法、实例方法和成员方法。
（5）在子类的构造方法中，可通过 super() 方法将父类的变量初始化。
（6）Java 里的根类是 Object，即所有的类都是间接或者直接继承该类，如果一个类没有用 extends 继承任何类，默认会隐式继承 Object。

继承关系图如图 3-10 所示。

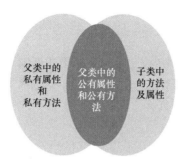

图3-10 父子类继承图

例 3-8 代码及运行结果如图 3-11 所示。

```java
package chap03;
class Animal {
    public boolean live=true;         //定义一个成员变量
    public String skin="";
    public void eat(){                //定义一个成员方法
        System.out.println("动物需要吃食物");
    }
    public void move(){               //定义一个成员方法
        System.out.println("动物会运动");
    }
}
class Bird extends Animal {
    public String skin="羽毛";
    public void move(){               //子类方法的重写
        System.out.println("鸟会飞翔");
    }
}
public class Zoo {
    public static void main(String[] args) {
        Bird bird=new Bird();
        bird.eat();                   //继承父类方法的调用
        bird.move();
        System.out.println("鸟有: "+bird.skin);
    }
}
```

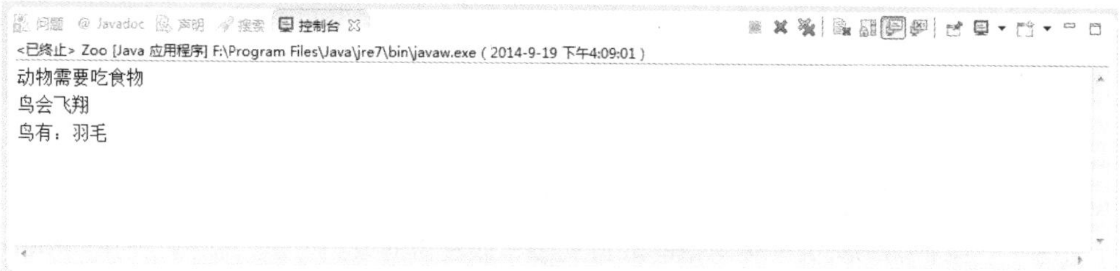

```
动物需要吃食物
鸟会飞翔
鸟有：羽毛
```

图3-11 例3-8运行结果

3.3.2 重写（覆盖）

在 Java 中，子类可继承父类中的方法，而不需要重新编写相同的方法。但有时子类并不想原封不动地继承父类的方法，而是想进行一定的修改，这就需要采用方法的重写。方法重写又称方法覆盖。方法覆盖要满足以下条件。

（1）发生在父类与子类之间。
（2）方法名字相同。
（3）参数列表相同。
（4）子类方法返回值的类型必须是父类方法返回值类型的子类或它本身。
（5）子类方法的访问控制权限必须跟父类一样或者比父类更广。

例如：

```
public class Animal {
    private String name;
    public void move(){
        System.out.println(name+" Moving..." );
    }
}
public class Cat extends Animal {
    public void move() {         //覆盖父类同名方法
        System.out.println("cat Moving..." );
    }
}
```

3.3.3 super 关键字

子类可以继承父类的非私有成员变量和成员方法（不是以 private 关键字修饰的），但是，如果子类中声明的成员变量与父类的成员变量同名，那么父类的成员变量将被隐藏。如果子类中声明的成员方法与父类的成员方法同名，并且参数个数、类型和顺序也相同，那么称子类的成员方法覆盖了父类的成员方法。这时，如果想在子类中访问父类中被子类隐藏的成员方法或变量时，就可以使用 super 关键字。

super 关键字主要有两种用途：调用父类的构造方法和调用父类被隐藏的成员变量和被覆盖的成员方法。

1. 调用父类的构造方法

子类可以调用父类的构造方法。但是必须在子类的构造方法中使用 super 关键字来调用，其语法格式如下。

```
super([参数列表] );
```

如果父类的构造方法中包括参数，则参数列表为必选项，用于指定父类构造方法的入口参数。

2. 调用父类被隐藏的成员变量和被覆盖的成员方法

如果想在子类中调用父类中被隐藏的成员变量和被覆盖的成员方法，也可以使用 super 关键字，其语法格式如下。

super.成员变量名
super.成员方法名([参数列表])

例 3-9　代码及运行结果如图 3-12 所示。

```java
package chap03;
class Person {
    public String name;
    public String sex;
    public int age;
    public Person(String name, String sex, int age) {
        this.name = name;
        this.sex = sex;
        this.age = age;
    }
    public void eat(){
        System.out.println(this.name+"需要吃饭！");
    }
}
class Student extends Person{
    public Student(String name, String sex, int age) {
        super(name, sex, age);          //调用父类的构造方法
    }
    //学习的方法
    public void school(){
        System.out.println(this.name+"需要学习");
    }
    public void eat(){                  //方法的覆盖
        super.eat();                    //调用被覆盖的成员方法
        System.out.println(this.name+"在学校吃饭");
    }
}

class Worker extends Person{
    public Worker(String name, String sex, int age) {
        super(name, sex, age);          //调用父类的构造方法
    }
    //工作的方法
    public void duty(){
        System.out.println(this.name+"需要工作！");
    }
    public void eat(){                  //方法的覆盖
        super.eat();                    //调用被覆盖的成员方法
        System.out.println(this.name+"在工厂吃饭");
    }
```

```
    }
    public class PersonTest {
        public static void main(String[] args) {
            Person person=new Person("张三","男",30);
            Student student=new Student("李四","女",19);
            Worker worker=new Worker("王五","男",40);
            person.eat();
            student.school();
            student.eat();
            worker.duty();
            worker.eat();
        }
    }
```

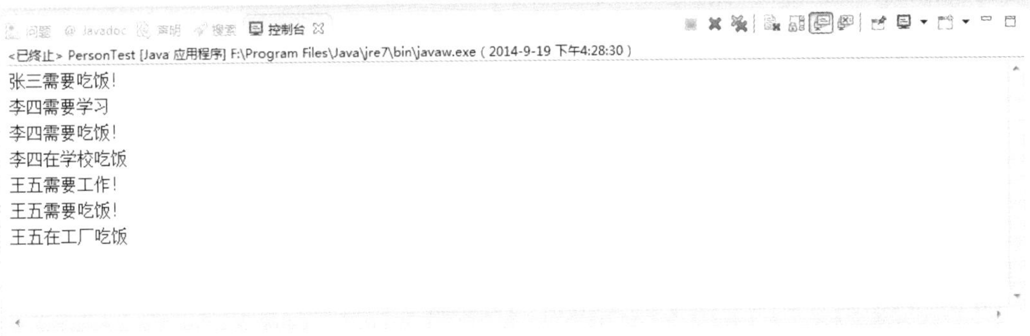
问题 @ Javadoc 声明 搜索 控制台
<已终止> PersonTest [Java 应用程序] F:\Program Files\Java\jre7\bin\javaw.exe (2014-9-19 下午4:28:30)
张三需要吃饭!
李四需要学习
李四需要吃饭!
李四在学校吃饭
王五需要工作!
王五需要吃饭!
王五在工厂吃饭

图3-12 例3-9运行结果

3.3.4 final 修饰符

final 修饰符可以用来修饰类、变量和方法。

（1）final 修饰一个变量时，该变量成为常量，它只能被赋一次值。例如，public final static int TOW=2。

（2）final 修饰方法时，该方法成为一个不可覆盖的方法。这样可以保持方法的稳定性。

（3）final 常常和 static、public 配合来修饰一个实例变量，表示为一个 全类公有的公开静态常量。例如，pubic static final int ANIMAL_NUM = 33。

（4）final 修饰类时，此类不可被继承，即 final 类没有子类。例如，public final class Math extends Object//数学类，最终类。

（5）final 不能修饰构造方法，可以修饰局部变量。

（6）final 可以修饰静态方法，如 main 方法。

3.4 多态

多态性指相同的操作可作用于多种类型的对象上并获得不同的结果。

不同的对象，收到同一消息可以产生不同的结果，这种现象称为多态性。多态指的是编译时的类型变化，而运行时类型不变。简单来讲，就是用一个父类的引用指向子类的对象。

3.4.1 子类对象与父类对象互相转换

子类对象与父类对象可以相互进行转换。
（1）子类对象向父类对象转换是自动转换。
（2）父类对象向子类对象是强制转换。
例如：

```
Animal  a = new Cat();          //自动转换
Cat  c = (Cat)a;                //强制转换
```

3.4.2 instanceof 修饰符

instanceof 用于判断某个对象是否是某个类的实例，语法格式为：对象 instanceof 类(接口)，它的返回值是 true 或者 false。
例如：

```
public void test(Animal a){
if(a instanceof Cat){
    Cat c = (Cat)a;
}
}
```

3.4.3 多态常见的用法

多态的使用经常体现在方法的参数上或方法的返回类型上。
例 3-10　代码及运行结果如图 3-13 所示。

```java
package chap03;
public class Person {
    private String name;
    private int age;
    public Person() {
        super();
    }
    public Person(String name, int age) {
        super();
        this.name = name;
        this.age = age;
    }
    public String getName() {
        return name;
    }
    public void setName(String name) {
        this.name = name;
```

```java
    }
    public int getAge() {
        return age;
    }
    public void setAge(int age) {
        this.age = age;
    }
}

package chap03;
public class Student extends Person {
    private String name;
    private int age;
    private String id;
    private String classid;
    public Student()
    {
    }
    public Student(String name, int age, String id, String classid) {
        super(name,age);
        this.id = id;
        this.classid = classid;
    }
    public String getId() {
        return id;
    }
    public void setId(String id) {
        this.id = id;
    }
    public String getClassid() {
        return classid;
    }
    public void setClassid(String classid) {
        this.classid = classid;
    }
}

package chap03;
public class Teacher extends Person{
    private String name;
    private int age;
    private String ClassName;
    private String level;
    public Teacher()
```

```java
        {
        }
    public Teacher(String name, int age,String ClassName,String level) {
        super(name, age);
        this.ClassName=ClassName;
        this.level=level;
    }
    public String getClassName() {
        return ClassName;
    }
    public void setClassName(String className) {
        ClassName = className;
    }
    public String getLevel() {
        return level;
    }
    public void setLevel(String level) {
        this.level = level;
    }
}

package chap03;
public class Test {
    public static void main(String[] args) {
        // 编译和运行过程
        Person p=new Person();
        Person s=new Student("yh1",20,"001","Javase997");
        Person t=new Teacher("yh2",30,"Java","A");
        //父类转子类有异常
//      Student s2=(Student)p;
//      System.out.println(s2);
        Equal(s);
        Equal(t);
    }
    public static void Equal(Person p)
    {
        if(p instanceof Teacher)
        {
            Teacher t=(Teacher)p;
            System.out.println("老师的等级"+t.getLevel());
        }
        if(p instanceof Student)
        {
            Student s=(Student)p;
```

```
            System.out.println("学生班级号"+s.getClassid());
        }
    }
}
```

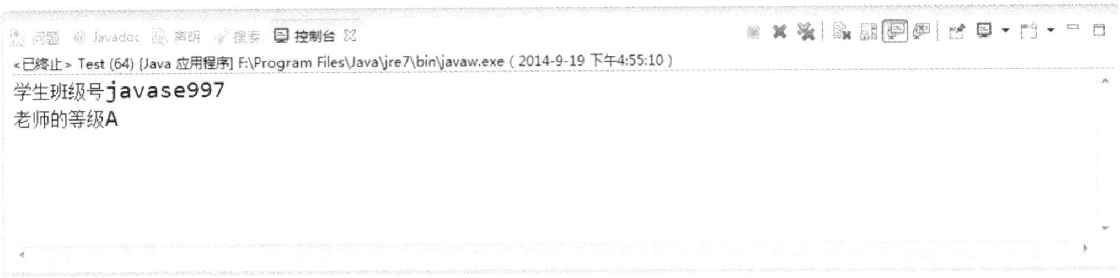

```
学生班级号javase997
老师的等级A
```

图3-13 例3-10运行结果

3.5 抽象类与接口

3.5.1 抽象类

Java 抽象类体现数据抽象的思想，是实现程序多态性的一种手段。抽象类是用 abstract 关键字来描述，abstract 用法如下。

（1）可用来修饰类、方法。

（2）abstract 修饰类时，则该类成为一个抽象类。抽象类不可生成对象（但可以有构造方法留给子类使用），必须被继承使用。

（3）abstract 永远不会和 private、static、final 同时出现。

（4）abstract 修饰方法时，则该方法成为一个抽象方法，抽象方法没有实现只有定义，由子类覆盖后实现。

（5）一个类有抽象方法，它就必须声明为抽象类。

（6）一个子类继承一个抽象类，必须实现该抽象类里所有抽象的方法，不然就要把自己声明为抽象类。

（7）一个类里没有任何抽象方法，它也可以声明为抽象类。

（8）抽象类不能够创建对象，可以有构造方法。

例 3-11　代码及运行结果如图 3-14 所示。

```java
package chap03;
abstract class Fruit {                    //定义抽象类
    public String color;                  //定义颜色成员变量
    //定义构造方法
    public Fruit(){
        color="绿色";                     //对变量color进行初始化
    }
    //定义抽象方法
    public abstract void harvest();       //收获的方法
```

```java
    }
    class Apple extends Fruit {
        public void harvest() {
            System.out.println("苹果已经收获！");          //输出字符串"苹果已经收获！"
        }
    }
    class Orange extends Fruit {
        public void harvest() {
            System.out.println("桔子已经收获！");          //输出字符串"桔子已经收获！"
        }
    }
    public class Farm {
        public static void main(String[] args) {
        System.out.println("调用 Apple 类的 harvest()方法的结果：");
        Apple apple=new Apple();     //声明 Apple 类的一个对象 apple，并为其分配内存
        apple.harvest();             //调用 Apple 类的 harvest()方法
        System.out.println("调用 Orange 类的 harvest()方法的结果：");
        Orange orange=new Orange();//声明 Orange 类的一个对象 orange，并为其分配内存
            orange.harvest();        //调用 Orange 类的 harvest()方法
        }
    }
```

```
<已终止> Farm [Java 应用程序] F:\Program Files\Java\jre7\bin\javaw.exe ( 2014-9-28 上午10:29:39 )
调用Apple类的harvest()方法的结果：
苹果已经收获！
调用Orange类的harvest()方法的结果：
桔子已经收获！
```

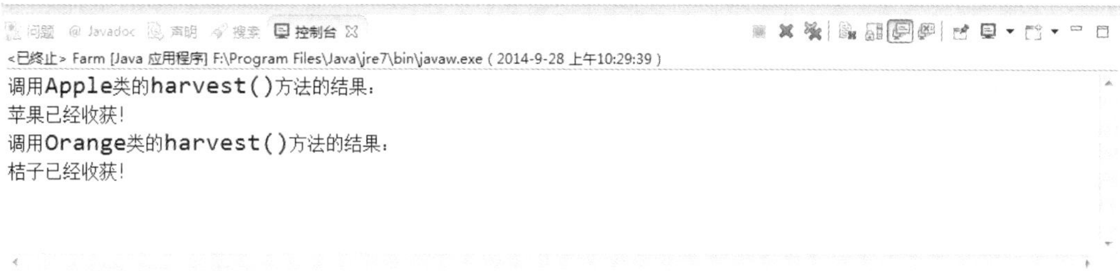

图3-14　例3-11运行结果

3.5.2　接口

Java 中的接口是一系列方法的声明，是一些方法特征的集合，一个接口只有方法的特征，没有方法的实现，因此这些方法可以在不同的地方被不同的类实现，而这些实现可以具有不同的行为（功能），接口有如下特点。

（1）它定义的变量默认是 public static final 常量。

（2）它定义的方法默认是 public abstract 方法。

（3）类与接口是一种实现的关系，关键字是 implements，一个类可以同时实现多个接口。

（4）一个类实现接口（可以是多个接口），就必须覆盖接口所有的方法。不然，该类就必须声明为抽象的。

（5）不能用接口来创建对象，接口没有构造方法。

（6）一个接口可以继承多个接口。
（7）接口也是生成.class文件。
（8）一个类可以同时继承一个类和实现多个接口。

例3-12　代码及运行结果如图3-15所示。

```java
package chap03;
interface Calculate {
    final float PI=3.14159f;
    float getArea(float r);
    float getCircumference(float r);
}
public class Cire implements Calculate {
    //实现计算圆面积的方法
    public float getArea(float r) {
        float area=PI*r*r;                //计算圆面积并赋值给变量area
        return area;                      //返回计算后的圆面积
    }
    //实现计算圆周长的方法
    public float getCircumference(float r) {
        float circumference=2*PI*r;       //计算圆周长并赋值给变量circumference
        return circumference;             //返回计算后的圆周长
    }
    public static void main(String[] agrs)
    {
        Cire cir=new Cire();
        System.out.println("圆面积是"+cir.getArea(3.0f));
        System.out.println("圆周长是"+cir.getCircumference(3.0f));
    }
}
```

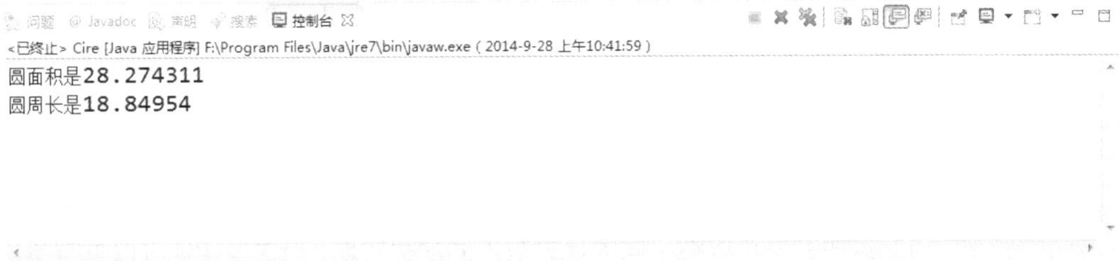

圆面积是28.274311
圆周长是18.84954

图3-15　例3-12运行结果

例3-13　代码及运行结果如图3-16所示。

```java
package chap03;
/**
 * 接口的定义
 * （1）接口中只能有抽象方法，不能包含一般方法
 * （2）接口中定义的都是静态常量。
```

```java
 */
public interface Animal {
    public abstract void work();
    public abstract void bird();
}


package chap03;
/*
 * 接口之间也能继承
 */
public interface BuruAnimal extends Animal {
}


package chap03;
/*
 * 接口之间也能继承
 */
public interface FishAnimal extends Animal {
}


package chap03;
/*
 * 一个类可以一次引用多个接口,必须实现里面所有的抽象方法
 */
public class Whale implements FishAnimal, BuruAnimal {
    public void work() {
        System.out.println("水里游");
    }
    public void bird() {
        System.out.println("胎生");
    }
}


package chap03;
public class Test {
    public static void main(String[] args) {
        // 不能用接口来创建对象
        Animal whale=new Whale();
        whale.bird();
        whale.work();
    }
}
```

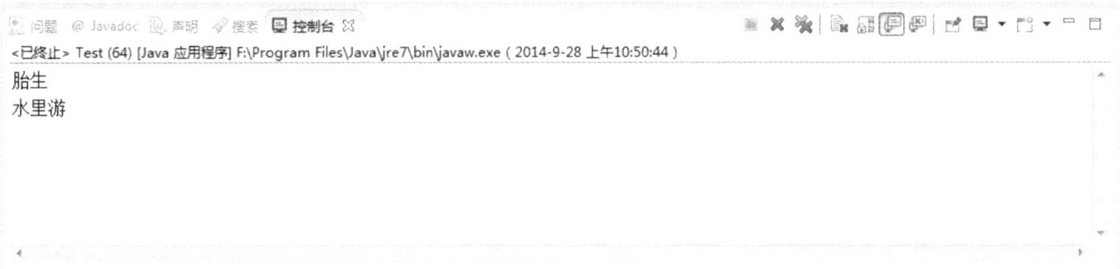

图3-16 例3-13运行结果

3.5.3 抽象类与接口的区别

（1）接口中不能有具体的实现，但抽象类可以。
（2）一个类要实现一个接口必须实现其所有的方法，而抽象类不必。
（3）通过接口可以实现多继承，而抽象类做不到。
（4）接口不能有构造方法，而抽象类可以。
（5）实体类与接口之间只有实现关系，而实体类与抽象类只有继承关系，抽象类与接口之间只有实现关系。
（6）接口中的方法默认都是公开抽象方法，属性默认都是公开静态常量，而抽象类不是。

3.6 内部类

Java 语言允许在类中定义内部类，内部类就是在其他类内部定义的子类。内部类存在的意义在于可以自由地访问外部类的任何成员（包括私有成员），使用内部类可以使程序更加的简洁（以牺牲程序的可读性为代价），便于命名规范和划分层次结构。

例如：

```
public class Zoo{
class Wolf{                    // 内部类 Wolf
    }
}
```

内部类有以下 4 种形式：成员内部类、局部内部类、静态内部类和匿名内部类。内部类作为外部类的一个成员，并且依附于外部类而存在的。内部类可以用 4 种修饰符（private、default、protected、public）修饰。（而外部类不可以：外部类只能使用 public 和 default）。它在一定程度上解决了 Java 里的多继承问题。

3.6.1 成员内部类

成员内部类和成员变量一样，属于类的全局成员。
例如：

```
public class Sample {
    public int id;                 // 成员变量
```

```
        class Inner{                  // 成员内部类
        }
}
```

> **注意**
>
> 外部类 Sample 使用 public 修饰符，但是内部类 Inner 不可以使用 public 修饰符，因为公共类的名称必须与类文件同名，所以每个 Java 类文件中只允许存在一个 public 公共类。

Inner 内部类和变量 id 都被定义为 Sample 类的成员，但是 Inner 成员内部类的使用要比 id 成员变量复杂一些，一般格式如下。

```
Sample sample = new Sample();
Sample.Inner inner = sample.new Inner();
```

只有创建了成员内部类的实例，才能使用成员内部类的变量和方法。

例 3-14 代码及运行结果如图 3-17 所示。

```java
package chap03;
class Sample {
    public int id;                                  // 成员变量
    private String name;                            // 私有成员变量
    static String type;                             // 静态成员变量
    public Sample() {
        id=9527;
        name="苹果";
        type="水果";
    }
    class Inner{                                    // 成员内部类
        private String message="成员内部类的创建者包含以下属性：";
        public void print(){
            System.out.println(message);
            System.out.println("编号："+id);        // 访问公有成员
            System.out.println("名称："+name);      // 访问私有成员
            System.out.println("类别："+type);      // 访问静态成员
        }
    }
}
public class SampleTest {
    public static void main(String[] args) {
        Sample sample = new Sample();               // 创建 Sample 类的对象
        Sample.Inner inner = sample.new Inner();    // 创建成员内部类的对象
        inner.print();                              // 调用成员内部类的 print() 方法
    }
}
```

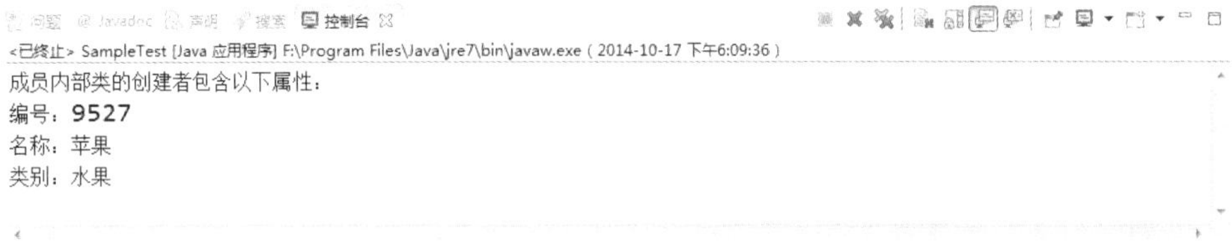

图3-17　例3-14运行结果

3.6.2 局部内部类

局部内部类和局部变量一样，都是在方法内定义的，其有效范围只在方法内部有效。
例如：

```
public void sell() {
    class Apple {          // 局部内部类
    }
}
```

局部内部类可以访问它的创建类中的所有成员变量和成员方法，包括私有方法。

例 3-15　代码及运行结果如图 3-18 所示。

```
package chap03;
public class SampleTest2 {
    private String name; // 私有成员变量
    public SampleTest2() {
        name = "苹果";
    }
    public void sell(int price) {
        class Apple { // 局部内部类
            int innerPrice = 0;
            public Apple(int price) {
                innerPrice = price;
            }
            public void price() {
                System.out.println("现在开始销售"+name);
                System.out.println("单价为: " + innerPrice + "元");
            }
        }
        Apple apple=new Apple(price);
        apple.price();
    }
    public static void main(String[] args) {
        SampleTest2 sample = new SampleTest2();
        sample.sell(100);
    }
}
```

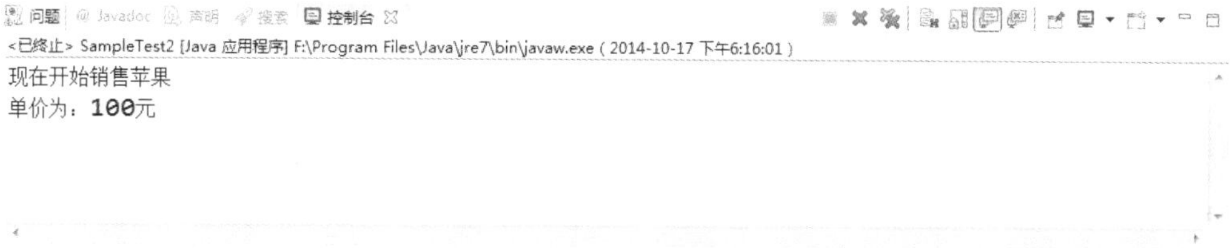

```
<已终止> SampleTest2 [Java 应用程序] F:\Program Files\Java\jre7\bin\javaw.exe ( 2014-10-17 下午6:16:01 )
现在开始销售苹果
单价为：100元
```

图3-18 例3-15运行结果

3.6.3 静态内部类

静态内部类和静态变量类似，它都使用 static 关键字修饰。所以，在学习静态内部类之前，必须熟悉静态变量的使用方法。

例如：

```java
public class Sample {
    static class Apple {                          // 静态内部类
    }
}
```

静态内部类可以在不创建 Sample 类的情况下直接使用。

例 3-16 代码及运行结果如图 3-19 所示。

```java
package chap03;
public class SampleTest3 {
    private static String name;                   // 私有成员变量
    public SampleTest3() {
        name = "苹果";
    }
    static class Apple {                          // 静态内部类
        int innerPrice = 0;
        public Apple(int price) {
            innerPrice = price;
        }
        public void introduction() {              // 介绍苹果的方法
            System.out.println("这是一个" + name);
            System.out.println("它的零售单价为：" + innerPrice + "元");
        }
    }
    public static void main(String[] args) {
        SampleTest3.Apple apple = new SampleTest3.Apple(8);// 第一次创建Apple对象
        apple.introduction();                     // 第一次执行 Apple 对象的介绍方法
        SampleTest3 sample=new SampleTest3();     // 创建 Sample 类的对象
        SampleTest3.Apple apple2 = new SampleTest3.Apple(10);// 第二次创建Apple对象
        apple2.introduction();                    // 第二次执行 Apple 对象的介绍方法
    }
}
```

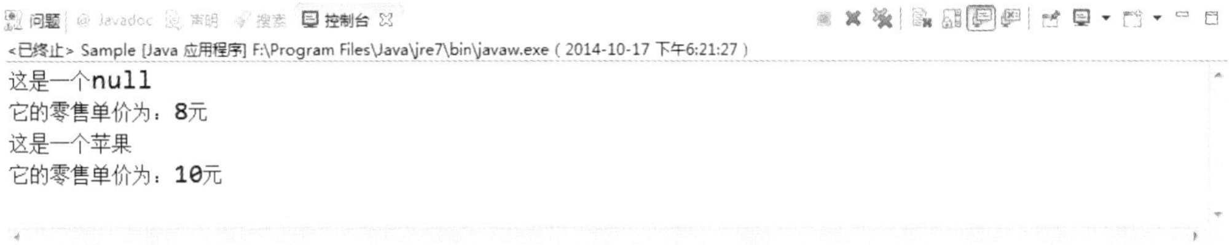
问题 @ Javadoc 声明 搜索 控制台
<已终止> Sample [Java 应用程序] F:\Program Files\Java\jre7\bin\javaw.exe (2014-10-17 下午6:21:27)
这是一个null
它的零售单价为：8元
这是一个苹果
它的零售单价为：10元

图3-19　例3-16运行结果

3.6.4　匿名内部类

匿名类就是没有名称的内部类，它经常被应用于 Swing 程序设计中的事件监听处理之中。例如，创建一个匿名的 Apple 类。

```
public class Sample {
    public static void main(String[] args) {
        new Apple() {
            public void introduction() {
                System.out.println("这是一个匿名类，但是谁也无法使用它。");
            }
        };
    }
}
```

虽然成功创建了一个 Apple 匿名类，但是正如它的 introduction()方法所描述的那样，谁也无法使用它，这是因为没有一个对该类的引用。

匿名类经常用来创建接口的唯一实现类，或者创建某个类的唯一子类。

例 3-17　代码及运行结果如图 3-20 所示。

```
package chap03;
interface Apple{                                        // 定义 Apple 接口
    public void say();                                  // 定义 say()方法
}
public class SampleTest4 {                              // 创建 Sample 类
    public static void print(Apple apple){              // 创建 print()方法
        apple.say();
    }
    public static void main(String[] args) {
        SampleTest4.print(new Apple() {                 // 为 print()方法传递
            public void say() {                         // 实现 Apple 接口的
                System.out.println("这是一箱子的苹果。");       // 匿名类做参数
            }
        });
    }
}
```

3.7 异常

3.7.1 何谓异常

Java 程序在运行过程中会遇到异常情况，如文件读取失败、磁盘不足、网络断开、停电、数组越界等。如果预先就估计到了可能出现的异常，并且准备好了处理异常的措施，那么就会防微杜渐，降低突发性异常发生时造成的损失。

Java 语言提供了完善的异常处理机制。正确运用这套机制，有助于提高程序的健壮性。所谓程序的健壮性，就是指程序在多数情况下能够正常运行，返回预期的正确结果；如果偶尔遇到异常情况，程序也能采取周到的解决措施。而不健壮的程序则没有事先充分预计到可能出现的异常，或者没有提供强有力的异常解决措施，导致程序在运行时，经常莫名其妙地终止，或者返回错误的运行结果，而且难以检测出现异常的原因。

3.7.2 Java 异常体系

Java 异常层次图如图 3-21 所示。

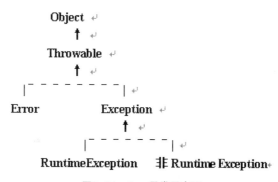

图3-21　Java异常层次图

1. Throwable

Throwable 类是 Java 语言中所有错误或异常的超类。

2. Error

Error 表示仅靠程序本身无法恢复的严重错误，不需要处理。程序设计得再好，也不能避免外界引起的错误，这时候不能称为异常，而是叫错误了，如内存不足、线程死锁、未知的错误等。

3. Exception

Java 程序能够处理的异常，如文件不存在、空指针异常、数组越界等。异常可分为运行时异常（RuntimeException）和被检查异常（Checked Exceptions）两种。

3.7.3 异常的类型

1. 运行时异常（UncheckedException，也称非检查异常）

一般是指程序员疏忽而导致的异常。只有在执行代码的时候，才会在 Console 中出现相关的异常信息。这些异常是可以避免的。

在编写代码时，程序员可以处理或者不处理运行时异常，如果不处理，就交给 JVM 处理，JVM 处理方式就是将异常信息打印出来并终止程序。

常见的运行时异常如下。

- Java.lang.ArithmeticException。
- Java.lang.NullPointerException。
- Java.lang.IndexOutOfBoundsException。
- Java.lang.ClassCastException。

2. 编译时异常（CheckedException，也称已检查异常）

Java 编译器要求程序必须捕获或声明抛出编译时异常，即 Java 程序员必须对异常进行处理。这种异常的处理办法是自己处理或者抛出去让别人处理。

3.7.4 Java 中的异常处理

Java 语言中的异常处理包括声明异常、抛出异常、捕获异常和处理异常 4 个环节。Java 异常处理通过 5 个关键字 try、catch、throw、throws、finally 进行管理。

基本过程是用 try 语句块包住要监视的语句，如果在 try 语句块内出现异常，则异常会被抛出；在 catch 语句块中可以捕获到这个异常并做处理。还有一部分系统生成的异常在 Java 运行时自动抛出，可以通过 throws 关键字在方法上声明该方法要抛出异常，然后在方法内部通过 throw 抛出异常对象。finally 语句块是不管有没有出现异常都要执行的内容。

1. 捕获和处理异常

通过 try-catch-finally 语句可以实现捕获和处理异常。

try-catch 块的语法的一般格式如下。

```
try
{
//这里是可能会产生异常的代码
}
catch(Exception e)
{
//这里是处理异常的代码
}
finally
{
//如果try部分的代码全部执行完或catch部分的代码执行完，
//则执行该部分的代码
}
```

有以下一些说明。

（1）如果 try 中没有出现异常，try 语句块将执行结束，然后跳过 catch 语句，执行 try/catch 后面的语句。

（2）如果 try 中产生了异常并被 catch 捕获，将跳过 try 中的其余语句，把异常对象赋给 catch 中的变量，然后执行 catch 中的语句，最后执行 try/catch 后面的语句。

（3）如果 try 中产生了异常但没有被 catch 捕获，将终止程序执行，由虚拟机捕获并处理异常。

（4）每个 try 块后可以伴随一个或多个 catch 块。当 try 中抛出异常后，按顺序检查 catch 中的异常类，当异常类与抛出的异常对象匹配时，就把异常对象赋给 catch 中的变量，并执行这个 catch 语句块。

（5）每次抛出异常后只有一个 catch 语句能执行。

（6）超类的 catch 能捕获子类异常，超类 catch 语句必须放在子类 catch 语句的后面。

（7）finally 语句块是不管有没有出现异常都要执行的内容。

例 3-18 代码及运行结果如图 3-22 所示。

```java
package chap03;
public class ExDemo1 {
    public static void main(String[] args) {
        int a[] = new int[3];
        try
        {
            a[3] = 10;
            //a[3] = 2/0;
        }
        catch(ArithmeticException e)
        {
            System.out.println("产生了算术运算异常！");
        }
        catch(ArrayIndexOutOfBoundsException e)
        {
            System.out.println("产生了数组越界异常！");
        }
        catch(Throwable e)
        {
            System.out.println("产生了数组越界异常！");
        }
        finally
        {
            System.out.println("离开异常处理代码！");
        }
    }
}
```

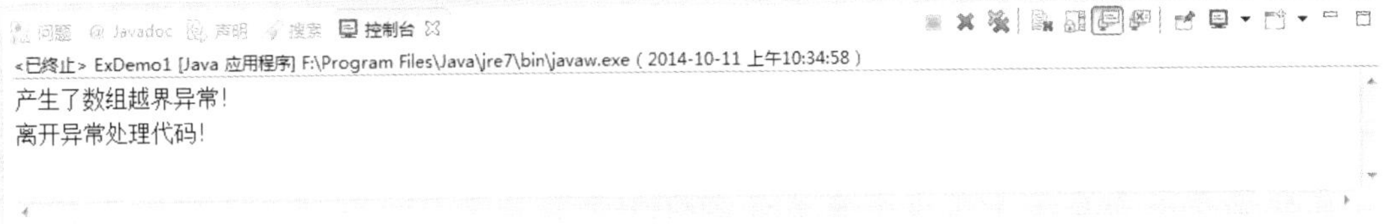

图3-22 例3-18运行结果

2. 声明异常（throws）

若某个方法可能会发生异常，但不想在当前方法中来处理这个异常，那么可以将该异常抛出，然后在调用该方法的代码中捕获该异常并进行处理。

将异常抛出，可通过 throws 关键字来实现。throws 关键字通常被应用在声明方法时，用来指定方法可能抛出的异常，多个异常可用逗号分隔。

一般格式如下。

```
public void test() throws IOException
```

或

```
public void test() throws Exception1, Exception2, Exception3
```

有以下说明。

（1）一旦方法声明了抛出异常，throws 关键字后异常列表中的所有异常要求调用该方法的程序对这些异常进行处理（通过 try—catch—finally 等）。

（2）如果方法没有声明抛出异常，仍有可能会抛出异常，但这些异常不要求调用程序进行特别处理。

3. 抛出异常（throw）

使用 throw 关键字也可抛出异常，与 throws 不同的是，throw 用于方法体内，并且抛出一个异常类对象，而 throws 用在方法声明中来指明方法可能抛出的多个异常。

通过 throw 抛出异常后，如果想由上一级代码来捕获并处理异常，则同样需要在抛出异常的方法中使用 throws 关键字，在方法的声明中指明要抛出的异常。如果想在当前的方法中捕获并处理 throw 抛出的异常，则必须使用 try...catch 语句。上述两种情况，若 throw 抛出的异常是 Error、RuntimeException 或它们的子类，则无需使用 throws 关键字或 try...catch 语句，一般格式如下。

```
throw new ThrowedException
```

或

```
ThrowedException e=new ThrowedException();
throw e
```

有以下说明。

（1）抛出异常只能抛出方法声明中 throws 关键字后的异常列表中的异常或者是 Error、RuntimeException 及其子类。

（2）通常情况下，通过 throw 抛出的异常为用户自己创建的异常类的实例。

例3-19　代码及运行结果如图3-23所示。

```java
package chap03;
public class ExDemo2 {
    static void throwsDemo() throws IllegalAccessException{
        System.out.println("执行声明了抛出异常的方法");
        throw new ArithmeticException();
//      throw new IllegalAccessException();
    }
    public static void main(String args[]){
        try{
            throwsDemo();
        }
        catch(ArithmeticException e){
            System.out.println("捕获的异常为:"+e);
        }
        catch(IllegalAccessException e){
            System.out.println("捕获的异常为:"+e);
        }
    }
}
```

```
执行声明了抛出异常的方法
捕获的异常为:java.lang.ArithmeticException
```

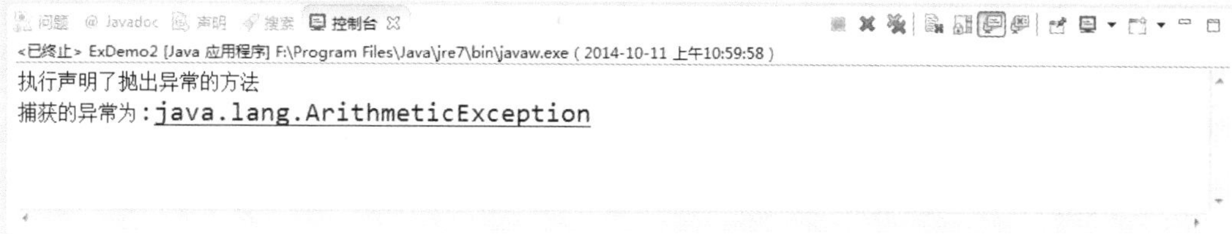

图3-23　例3-19运行结果

3.7.5　自定义异常

通常使用 Java 内置的异常类就可以描述在编写程序时出现的大部分异常情况，但根据需要，有时要创建自己的异常类，并将它们用于程序中来描述 Java 内置异常类所不能描述的一些特殊情况。下面就来介绍如何创建和使用自定义异常。

自定义的异常类必须继承自 Throwable 类，才能被视为异常类，通常是继承 Throwable 的子类 Exception 或 Exception 类的子孙类。除此之外，与创建一个普通类的语法相同。

自定义异常类大体可分为以下几个步骤。

（1）创建自定义异常类。

（2）在方法中通过 throw 抛出异常对象。

（3）若在当前抛出异常的方法中处理异常，可使用 try…catch 语句捕获并处理；否则，在方法的声明处通过 throws 指明要抛出给方法调用者的异常，继续进行下一步操作。

（4）在出现异常的方法调用代码中捕获并处理异常。

如果自定义的异常类继承自 RuntimeException 异常类，在步骤（3）中，可以不通过 throws

指明要抛出的异常。

例 3-20　代码及运行结果如图 3-24 所示。

```java
package chap03;
public class ExDemo3 {
    static void compute(int a) throws MyException{
        System.out.println("调用 compute(" + a + ")");
        if(a > 10)
            throw new MyException(a);
        System.out.println("正常退出");
    }
    public static void main(String args[]){
        try  {
            compute(1);
            compute(20);
        }
        catch (MyException e){
            System.out.println("捕获的异常为: " + e);
        }
    }
}
class MyException extends Exception{
    private int detail;
    MyException(int a){
        detail = a;
    }
    public String toString(){
        return "自定义的MyException[" + detail + "]";
    }
}
```

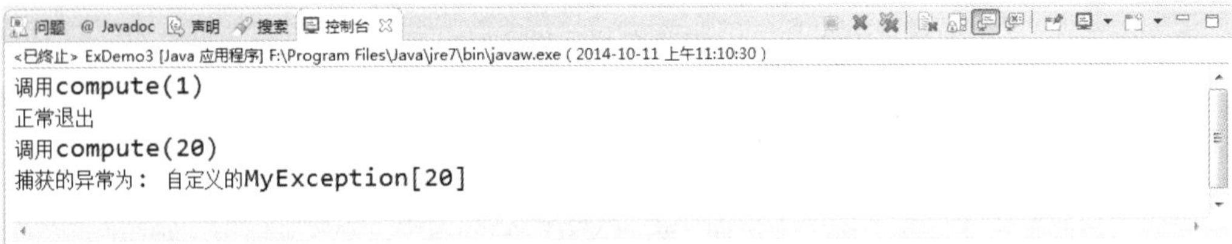

```
调用compute(1)
正常退出
调用compute(20)
捕获的异常为: 自定义的MyException[20]
```

图3-24　例3-20运行结果

习题三

一、选择题

1. Java 语言是一种（　　）语言。
   A. 机器　　　　B. 汇编　　　　C. 面向过程的　　　　D. 面向对象的

2. 方法的形参（   ）。
   A. 可以没有   B. 至少有一个
   C. 必须定义多个形参   D. 只能是简单变量
3. 声明并创建一个按钮对象 b，应该使用的语句是（   ）。
   A. Button b=new Button();   B. button b=new button();
   C. Button b=new b();   D. b.setLabel("确定");
4. 在 Java 中，一个类可同时定义许多同名的方法，这些方法的形式参数的个数、类型或顺序各不相同，传回的值也可以不相同。这种面向对象程序的特性成为（   ）。
   A. 隐藏   B. 覆盖
   C. 重载   D. Java 不支持此特性
5. 以下关于方法覆盖的叙述正确的是（   ）。
   A. 子类覆盖父类的方法时，子类对父类同名的方法将不能再做访问
   B. 子类覆盖父类的方法时，可以覆盖父类中的 final 方法和 static 方法
   C. 子类覆盖父类的方法时，子类方法的声明必须与其父类中的声明完全一样
   D. 子类覆盖父类的方法时，子类方法的声明只需与其父类中声明的方法名一样
6. 在 Java 中，能实现多重继承效果的方式是（   ）。
   A. 内部类   B. 适配器   C. 接口   D. 继承
7. 设有下面两个类的定义类 Person 和类 Student 的关系是（   ）。

```
class  Person {}
class  Student  extends  Person {
public int id;              //学号
public int score;           //总分
public String  name;        // 姓名
public int getScore(){return  score;}
     }
```

   A. 包含关系   B. 继承关系
   C. 关联关系   D. 无关系，上述类定义有语法错误
8. 若在某一个类定义中定义有如下的方法，则该方法属于（   ）。

```
abstract void performDial(){};
```

   A. 本地方法   B. 最终方法   C. 静态方法   D. 抽象方法
9. 下面关于 Java 中异常处理 try 块的说法正确的是（   ）。
   A. try 块后通常应有一个 catch 块，用来处理 try 块中抛出的异常
   B. catch 块后必须有 finally 块
   C. 可能抛出异常的方法调用应放在 try 块中
   D. 对抛出的异常的处理必须放在 try 块中
10. 分析下面的程序，运行显示的结果为（   ）。

```
public class X
{
```

```
    public static void main(String args[])
    {
     X a=new Y();
       a .test();
      }
      void test()
      {
    System.out.println("X" );
      }
     }
    class Y extends X
{
void test()
    {
    super.test();
        System.out.println("Y" );
      }
}
```

A. "YX" 　　B. "XY" 　　C. "X" 　　D. "Y"

二、填空题

1. 接口使用_____关键字声明。

2. Java 规定，如果子类中定义的成员方法与父类中定义的成员方法同名，并且_____的个数和类型以及_____的类型也相同，则父类中的同名成员方法被屏蔽。

3. 异常处理是由_____、_____和_____块 3 个关键所组成的程序块。

4. 在 Java 程序中，通过类的定义只能实现_____继承，但通过接口的定义可以实现_____继承关系。

5. 在继承中发生的强制类型转换为_____。

三、简答题

1. 简述 Java 中异常处理的机制？

2. 内部类分为哪几种？

3. 什么是继承？

第 4 章 常用 API

【本章导读】

　　Java 中包含了大量的类。其中，Java API 是系统提供的已实现的标准类的集合。在程序设计中，合理和充分利用现有的类，可以方便地完成字符串处理、数学计算、日期设置等多方面的工作，这样可以大大提高编程效率，使程序简练、易懂。

【学习目标】

- 掌握 String 类和 StringBuffer 类的使用方法以及它们的区别
- 掌握使用包装类进行类型转换的方法
- 掌握使用 Math 类进行数学计算的方法
- 掌握使用日期类和 Random 类的使用方法

4.1 Java API 入门

API（Application Programming Interface），即应用程序编程接口，Java API 就是指 JDK 提供的类库，常用的类库如下。
- 字符串相关类（String、StringBuffer）。
- 基本数据类型包装类。
- 日期和时间相关的类。
- 数字类型处理相关的类。
- Random 类。

4.2 字符串相关类（String 类和 StringBuffer 类）

一个字符串就是一连串的字符，字符串的处理在许多程序中都用得到。Java 定义了 String 和 StringBuffer 两个类来封装对字符串的各种操作。它们包含在 java.lang 包中，需要时直接使用就可以，默认情况下不需用 import java.lang 导入该包。

4.2.1 String 类

String 类是不可变字符串类，因此用于存放字符串常量。一个 String 字符串一旦创建，其长度和内容就不能再被更改了。每一个 String 字符串对象创建的时候，就需要指定字符串的内容。在 Java 中字符串有如下特性。

（1）String 类是 final 的，不可被继承。

（2）String 类的本质是字符数组 char[]，并且其值不可改变。

（3）Java 运行时会维护一个 String 池，String 池用来存放运行时产生的各种字符串，并且池中的字符串的内容不重复。而一般对象并不存在这个缓冲池，所创建的对象也仅仅存在于方法的堆栈区。

（4）String 创建的方式。

① String str ="123";

使用这种方式来创建一个字符串对象 str 时，Java 运行时（运行中 JVM）会拿着这个 str 在 String 池中找是否存在内容相同的字符串对象，如果不存在，则在池中创建一个字符串 str，否则，不在池中添加。

② String str = new String("123");//产生两个对象

使用包含变量的表达式来创建 String 对象，则不仅会检查维护 String 池，还会在堆栈区创建一个 String 对象。

（5）String 对象可以通过"+"串联。串联后会生成新的字符串。

例如，String str= "hello" + "world!";

（6）String 的比较有两种方式：用"= ="比较的是内存地址，用 equals 方法比较的是对象内容。

例 4-1　代码及运行结果如图 4-1 所示。

```java
package chap04;
public class StringTest01 {
    public static void main(String[] args) {
        String s1 = "hello";
        String s2 = "world";
        String s3 = "hello";
        System.out.println(s1==s3); //true
        s1 = new String("hello");
        s2 = new String("hello");
        System.out.println(s1==s2); //false
        System.out.println(s1.equals(s2)); //true
        char c[] = {'s','u','n',' ','j','a','v','a'};
        String s4 = new String(c);
        String s5 = new String(c,4,4);
        System.out.println(s4); //sun java
        System.out.println(s5);
    }
}
```

```
true
false
true
sun java
java
```

图4-1 例4-1运行结果

（7）String 类有以下一些常用方法。

- public charAt（int index）：返回字符串中第 index 个字符。
- public int length()：返回字符串的长度。
- public int indexOf（String str）：返回字符串中出现 str 的第一个位置。
- public int indexOf（String str，int fromIndex）：返回字符串中从 fromIndex 开始出现 str 的第一个位置。
- public boolean equalsIgnoreCase（String another）：比较字符串与 another 是否一样（忽略大小写）。
- public String replace（char oldChar，char newChar）：在字符串中用 newChar 字符替换 oldChar 字符。

例 4-2 代码及运行结果如图 4-2 所示。

```java
package chap04;
public class StringTest02 {
    public static void main(String[] args) {
        String s1 = "sun java", s2 = "Sun Java";
```

```java
            System.out.println(s1.charAt(1)); //u
            System.out.println(s2.length()); //8
            System.out.println(s1.indexOf("java")); //4
            System.out.println(s1.indexOf("Java")); //-1
            System.out.println(s1.equals(s2)); //false
            System.out.println(s1.equalsIgnoreCase(s2)); //true
            String s = "我是程序员，我在学java";
            String sr = s.replace('我', '你');
            System.out.println(sr); //你是程序员，你在学java
    }
}
```

```
u
8
4
-1
false
true
你是程序员，你在学java
```

图4-2 例4-2运行结果

- public boolean startsWith（String prefix）：判断字符串是否以 prefix 字符串开头。
- public boolean endsWith（String suffix）：判断字符串是否以 prefix 字符串结尾。
- public String toUpperCase()：返回一个字符串的大写形式。
- public String toLowerCase()：返回一个字符串的小写形式。
- public String substring（int beginIndex）：返回该字符串从 beginIndex 开始到结尾的子字符串。
- public String substring（int beginIndex,int endIndex）：返回该字符串从 beginIndex 开始到 endIndex 结尾的子字符串。
- public String trim()：返回将该字符串去掉开头和结尾空格后的字符串。

例 4-3 代码及运行结果如图 4-3 所示。

```java
package chap04;
public class StringTest03 {
    public static void main(String[] args) {
        String s = "Welcome to Java World!";
        String s1 = "  sun java  ";
        System.out.println(s.startsWith("Welcome")); //true
        System.out.println(s.endsWith("World")); //false
        String sL = s.toLowerCase();
        String sU = s.toUpperCase();
        System.out.println(sL); // welcome to java world!
        System.out.println(sU); // WELCOME TO JAVA WORLD!
```

```
            String subS = s.substring(11);
            System.out.println(subS); // Java World!
            String sp = s1.trim();
            System.out.println(sp); // sun java
    }
}
```

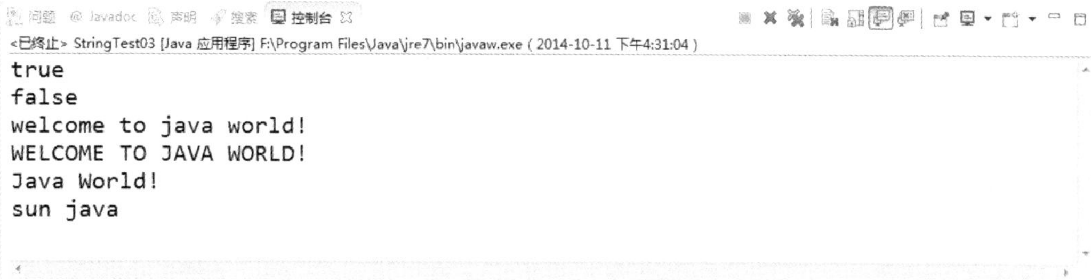

```
true
false
welcome to java world!
WELCOME TO JAVA WORLD!
Java World!
sun java
```

图4-3 例4-3运行结果

- public static String valueOf（…）：可以将基本类型数据转换为字符串。
- public String[] split（String regex）：可以将一个字符串按照指定的分割符分割，返回分割后的字符串数组。

例 4-4 代码及运行结果如图 4-4 所示。

```java
package chap04;
public class StringTest04 {
    public static void main(String[] args) {
        int j = 1234567;
        String sNumber = String.valueOf(j);
        System.out.println("j是" + sNumber.length() + "位数。");
        String s = "Mary,F,1976";
        String[] sPlit = s.split(",");
        for (int i = 0; i < sPlit.length; i++) {
            System.out.println(sPlit[i]);
        }
    }
}
```

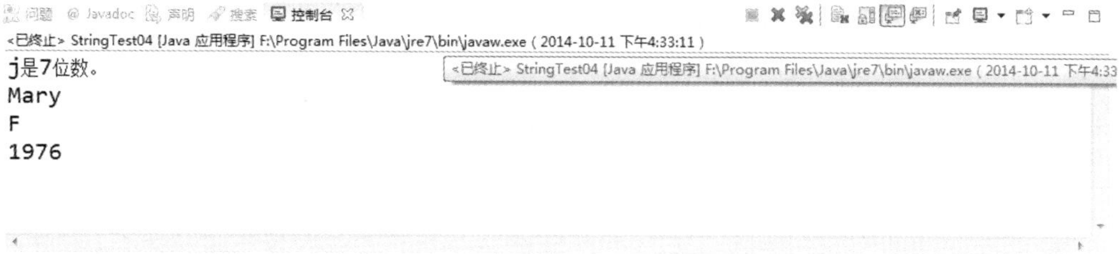

```
j是7位数。
Mary
F
1976
```

图4-4 例4-4运行结果

4.2.2 StringBuffer 类

StringBuffer 类用于内容可以改变的字符串,可以将其他各种类型的数据增加、插入到字符串中,也可以转置字符串中原来的内容。一旦通过 StringBuffer 生成了最终想要的字符串,就应该使用 StringBuffer.toString()方法将其转换成 String 类,随后,就可以使用 String 类的各种方法操纵这个字符串了。

StringBuffer 类常用的方法如下。

- 增加:append、insert。
- 修改:reverse、setCharAt、replace。
- 删除:delete、deleteCharAt。
- 查询:indexOf、charAt、getChars、substring。

例 4-5 代码及运行结果如图 4-5 所示。

```java
package chap04;
public class StringBuf {
    public static void main(String[] args) {
        StringBuffer buf=new StringBuffer("Java");
        //追加
        buf.append(" Guide Ver1/");
        buf.append(3);
        //插入
        int index=5;
        buf.insert(index, "student ");
        //设置
        index=23;
        buf.setCharAt(index, '.');
        //替换
        int start=24;
        int end=25;
        buf.replace(start, end, "4");
        //转换为字符串
        String s=buf.toString();
        System.out.println(s);
    }
}
```

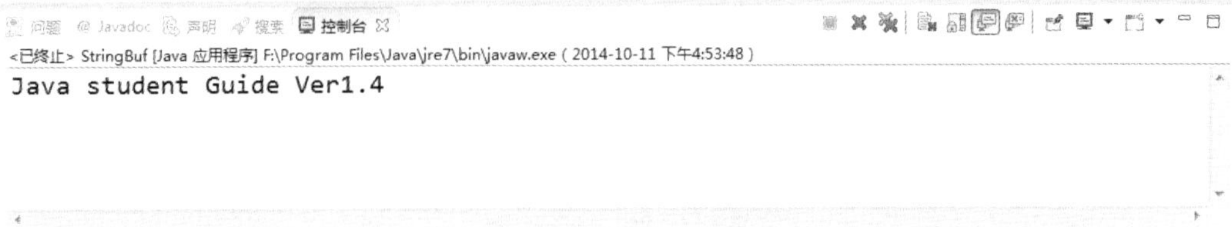

```
<已终止> StringBuf [Java 应用程序] F:\Program Files\Java\jre7\bin\javaw.exe ( 2014-10-11 下午4:53:48 )
Java student Guide Ver1.4
```

图4-5 例4-5运行结果

4.3 基本数据类型包装类

Java 是一种面向对象语言，Java 中的类将方法与数据连接在一起，并构成了自包含式的处理单元。但在 Java 中不能自定义基本类型对象，为了能将基本类型视为对象来处理，并能连接相关方法，Java 为每个基本类型提供了包装类，这样便可以把这些基本类型转换为对象来处理了。

4.3.1 八种基本类型对象的包装类

常用包装类如表 4-1 所示。

表 4-1 常用包装类

原始数据类型	包装类
byte	Byte
short	Short
int	Integer
long	Long
float	Float
double	Double
char	Character
boolean	Boolean

4.3.2 包装类常用的方法与变量

数值类型的包装类都继承自抽象类 Number，并继承了 Number 定义的返回不同类型数值的方法。以下是以 Integer 包装类为例的常用方法与变量。

- public static final int MAX_VALUE：最大的 int 值。
- public static final int MIN_VALUE：最小的 int 值。
- public long longValue()：返回封装数据的 long 型值。
- public double doubleValue()：返回封装数据的 double 型值。
- public int intValue()：返回封装数据的 int 型值。
- public static int parseInt (Strings) throws NumberFormatException：将字符串解析成 int 型数据，返回该数据。

例 4-6　代码及运行结果如图 4-6 所示。

```
package chap04;
public class NumberTest {
    public static void main(String[] args) {
        Integer i = new Integer(100);
        Double d = new Double("123.456");
        int j = i.intValue() + d.intValue();
        float f = i.floatValue() + d.floatValue();
```

```java
        System.out.println(j);
        System.out.println(f);
        double pi = Double.parseDouble("3.1415926");
        double r = Double.valueOf("2.0").doubleValue();
        double s = pi * r * r;
        System.out.println(s);
        try {
            int k = Integer.parseInt("1.25");
        } catch (NumberFormatException e) {
            System.out.println("数据格式不对!");
        }
        System.out.println(Integer.toBinaryString(123) + "B");
        System.out.println(Integer.toHexString(123) + "H");
        System.out.println(Integer.toOctalString(123) + "O");
    }
}
```

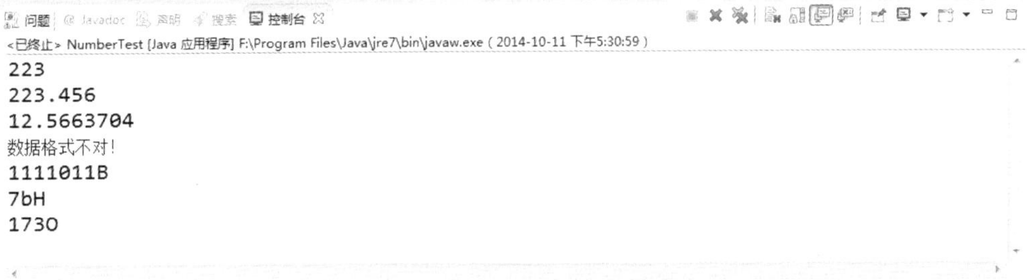

```
223
223.456
12.5663704
数据格式不对!
1111011B
7bH
1730
```

图4-6 例4-6运行结果

4.4 Math 类

Math 类提供了一系列方法用于科学计算，其方法的参数和返回值类型一般为 double 型。Math 类所有的成员都有 static 修饰符，因此可以用类名直接调用。Math 有两个域变量，一个表示自然对数的底数 E，另一个表示圆周率 PI。Math 类的常用方法如下。

- static double abs (double a)：返回绝对值，重载方法，参数可以是 int、long、float。
- static double sin (double a)：返回正弦。
- static double asin (double a)：返回反正弦。
- static double sqrt (double a)：返回平方根。
- static double pow (double a, double b)：返回 a 的 b 次幂。
- static double max (double a, double b)：返回最大值。
- static double min (double a, double b)：返回最小值。
- static double random()：返回 0.0 到 1.0 的随机数。
- static long round (double a)：double 型的数据 a 转换为 long 型（四舍五入）。

例 4-7 代码及运行结果如图 4-7 所示。

```java
package chap04;
public class MathTest {
    public static void main(String[] args) {
        double a = Math.random();
        double b = Math.random();
        System.out.println(Math.sqrt(a * a + b * b));
        System.out.println(Math.pow(a, 8));
        System.out.println(Math.round(b));
        System.out.println(Math.log(Math.pow(Math.E, 15)));
        double d = 60.0, r = Math.PI / 4;
        System.out.println(Math.toRadians(d));
        System.out.println(Math.toDegrees(r));
    }
}
```

```
0.9576936841434693
0.10361100752428296
1
15.0
1.0471975511965976
45.0
```

图4-7 例4-7运行结果

4.5 日期和时间相关类

Java 语言提供了以下类来处理日期和时间。

（1）java.util.Date：包装了一个 long 类型数据，表示与 GMT（格林尼治标准时间）的 1970 年 1 月 1 日 00:00:00 这一时刻所相距的毫秒数。

（2）java.text.DateFormat：对日期进行格式化。

（3）java.util.Calendar：可以灵活地设置或读取日期中的年、月、日、时、分和秒等信息。

4.5.1 Date 类

Date 类在 java.util 包中。以毫秒数来表示特定的时间和日期。使用 Date 类的无参数构造方法创建的对象可以获取本地当前时间。Date 对象表示时间的默认顺序是：星期、月、日、小时、分、秒、年。例如，Sat Apr 28 21:59:38 CST 2001。

计算机时间的"公元"设置在 1970 年 1 月 1 日 0 时（格林尼治时间），据此可以使用 Date 带参数的构造方法：Date（long time）。例如：

```
Date date1=new Date(1000);
Date date2=new Date(-1000);
```

此时，date1 的时间就是 1970 年 01 月 01 日 08 时 00 分 01 秒，date2 的时间就是 1970

年 01 月 01 日 07 时 59 分 59 秒。

例 4-8 代码及运行结果如图 4-8 所示。

```java
package chap04;
import java.util.Date;
public class DateTest {
    public static void main(String[] args) {
        // TODO Auto-generated method stub
        Date today=new Date();
        System.out.println("Today's date is"+today);
        String strDate,strTime="";
        System.out.println("今天的日期是: "+today);
        long time=today.getTime();
        System.out.println("自 1970 年 1 月 1 日起"+"以毫秒为单位的时间（GMT）:"+time);
        strDate=today.toString();
        strTime=strDate.substring(11, (strDate.length()-4));
        System.out.println(strTime);
        strTime = "时间: "+strTime.substring(0, 8);
        System.out.println(strTime);
    }
}
```

```
<已终止> DateTest [Java 应用程序] C:\Program Files\Java\jdk1.8.0_20\bin\javaw.exe（2014年11月22日 下午7:57:50）
Today's date isSat Nov 22 19:57:50 CST 2014
今天的日期是: Sat Nov 22 19:57:50 CST 2014
自1970年1月1日起以毫秒为单位的时间（GMT）:1416657470572
19:57:50 CST
时间: 19:57:50
```

图4-8 例4-8运行结果

4.5.2 SimpleDateFormat 类

可以使用 DataFormat 的子类 SimpleDateFormat 来实现日期的格式化。SimpleDateFormat 有一个常用构造方法：public SimpleDateFormat(String pattern)，该构造方法可以用参数 pattern 指定的格式创建一个对象。

pattern 中应当含有一些特殊意义字符，这些特殊的字符被称作元字符，如下。

- y 或 yy：表示用 2 位数字输出年份；yyyy 表示用 4 为数字输出年份。
- M 或 MM：表示用 2 位数字或文本输出月份，如果想用汉字输出月份，pattern 中应连续包含至少 3 个 M，例如，MMM。
- d 或 dd：表示用 2 位数字输出日。
- H 或 HH：表示用 2 位数字输出小时。
- m 或 mm：表示用 2 位数字输出分。
- s 或 ss：表示用 2 位数字输出秒。

- E：表示用字符串输出星期。

例 4-9　代码及运行结果如图 4-9 所示。

```java
package chap04;
import java.util.*;
import java.text.SimpleDateFormat;
public class TestDate{
    public static void main(String args[]){
        Date nowtime=new Date();
        System.out.println(nowtime);
        SimpleDateFormat matter1=
        new SimpleDateFormat("'time':yyyy年MM月dd日E北京时间");
        System.out.println(matter1.format(nowtime));
        SimpleDateFormat matter2=
        new SimpleDateFormat("北京时间：yyyy年MM月dd日HH时mm分ss秒");
        System.out.println(matter2.format(nowtime));
        Date date1=new Date(1000),date2=new Date(-1000);
        System.out.println(matter2.format(date1));
        System.out.println(matter2.format(date2));
    }
}
```

```
Sat Nov 15 20:44:46 CST 2014
time:2014年11月15日 星期六 北京时间
北京时间：2014年11月15日20时44分46秒
北京时间：1970年01月01日08时00分01秒
北京时间：1970年01月01日07时59分59秒
```

图4-9　例4-9运行结果

4.5.3　Calendar 类

Calendar 类在 java.util 包中。使用 Calendar 类的 static 方法 getInstance()可以初始化一个日历对象。例如：

```
Calendar  calendar= calendar.getInstance();
```

Calendar 类的常用方法如下。

- set（int year，int month，int date）。
- set（int year，int month，int date，int hour，int minute）。
- set（int year，int month，int date，int hour，int minute，int second）：将日历翻到任何一个时间，当参数 year 取负数时表示公元前。
- public int get（int field）：可以获取有关年份、月份、小时、星期等信息，参数 field 的有效值由 Calendar 的静态常量指定，例如，calendar.get（Calendar.MONTH）;返回一个整数，如果该整数是 0 表示当前日历是在一月，该整数是 1 表示当前日历是在二月等。
- public long getTimeInMillis()：可以将时间表示为毫秒。

例 4-10　代码及运行结果如图 4-10 所示。

```java
package chap04;
import java.util.*;
import java.text.SimpleDateFormat;
class TestCalendar{
    public static void main(String args[]){
        Calendar cal=Calendar.getInstance();
        cal.setTime(new Date());
        String year=String.valueOf(cal.get(Calendar.YEAR)),
               month=String.valueOf(cal.get(Calendar.MONTH)+1),
               day=String.valueOf(cal.get(Calendar.DAY_OF_MONTH)),
               week=String.valueOf(cal.get(Calendar.DAY_OF_WEEK)-1);
        int hour=cal.get(Calendar.HOUR_OF_DAY),
            minute=cal.get(Calendar.MINUTE),
            second=cal.get(Calendar.SECOND);
        System.out.println("现在的时间是：");
        System.out.println(""+year+"年"+month+"月"+day+"日"+"星期"+week);
        System.out.println(""+hour+"时"+minute+"分"+second+"秒");
        cal.set(1985,5,29);                  //将日历翻到1985年6月29日
        long time1985=cal.getTimeInMillis();
        cal.set(2009,9,29);
        long time2009=cal.getTimeInMillis();
        long day_num=(time2009-time1985)/(1000*60*60*24);
        System.out.println("2006年10月29日和1962年6月29日相隔"+day_num+"天");
    }
}
```

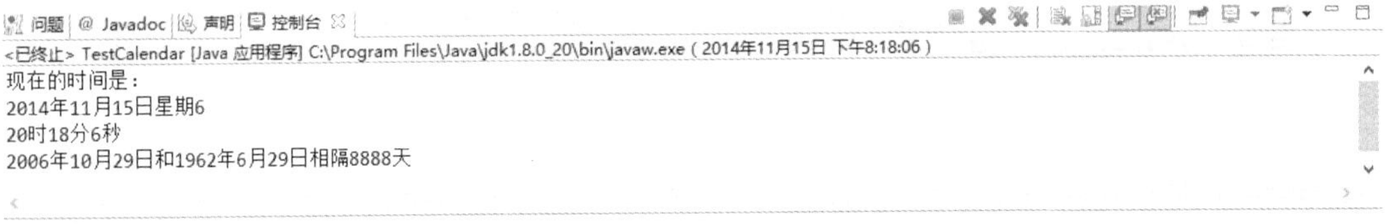

```
<已终止> TestCalendar [Java 应用程序] C:\Program Files\Java\jdk1.8.0_20\bin\javaw.exe（2014年11月15日 下午8:18:06）
现在的时间是：
2014年11月15日星期6
20时18分6秒
2006年10月29日和1962年6月29日相隔8888天
```

图4-10　例4-10运行结果

4.6　数字类型处理相关类

Java 语言提供了以下类来处理数字类型。
（1）NumberFormat 类：对数字结果格式化。
（2）BigDecimal 类：用来处理大十进制数。

4.6.1　NumberFormat 类

NumberFormat 类有如下常用方法。

- public static final NumberFormat getInstance()：实例化一个 NumberFormat 对象。
- public final String format（double numer）：格式化数字 numer。
- public void setMaximumFractionDigits（int newValue）：设置某个数的小数部分中所允许的最大数字位数。
- public void setMinimumFractionDigits（int newValue）：设置某个数的小数部分中所允许的最小数字位数。
- public void setMaximumIntegerDigits（int newValue）：设置某个数字的整数部分中所允许的最大数字位数。
- public void setMinimumIntegerDigits（int newValue）：设置某个数字的整数部分中所允许的最小数字位数。

例 4-11　代码及运行结果如图 4-11 所示。

```java
package chap04;
import java.text.NumberFormat;
public class NumberFormatDemo01 {
    public static void main(String[] args) {
        // TODO Auto-generated method stub
        NumberFormat nf = null ;         // 声明一个 NumberFormat 对象
        nf = NumberFormat.getInstance() ;    // 得到默认的数字格式化显示
        nf.setMaximumFractionDigits(4);
        nf.setMinimumFractionDigits(2);
        System.out.println("格式化之后的数字：" + nf.format(10000000));
        System.out.println("格式化之后的数字：" + nf.format(1000.3456789));
    }
}
```

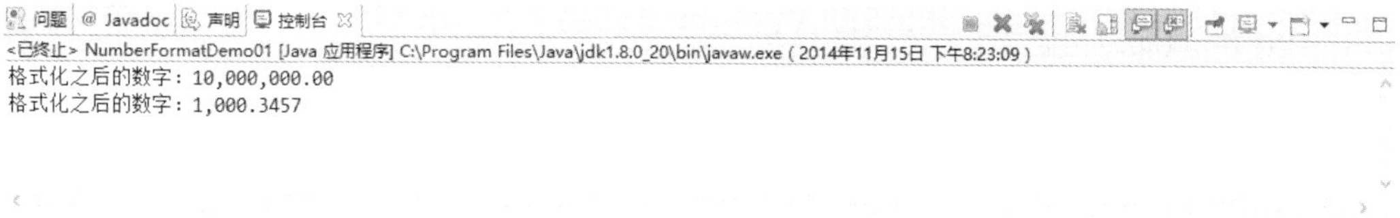

```
格式化之后的数字：10,000,000.00
格式化之后的数字：1,000.3457
```

图4-11　例4-11运行结果

4.6.2　BigDecimal 类

如果对计算的结果精确度要求比较严格，就不能直接用 float、double 进行计算，要使用 BigDecimal 来计算。

例 4-12　代码及运行结果如图 4-12 所示。

```java
package chap04;
import java.math.BigDecimal;
public class BigDecimal1 {
    public static void main(String[] args) {
        BigDecimal op1 = new BigDecimal("3.14159");
```

```
            BigDecimal op2 = new BigDecimal("3");
            System.out.println("和=" + op1.add(op2));
            System.out.println("差=" + op1.subtract(op2));
            System.out.println("积=" + op1.multiply(op1));
            System.out.println("商=" + op1.divide(op2, BigDecimal.ROUND_UP));
            System.out.println("负值=" + op1.negate());
            System.out.println("指定精度的商=" + op1.divide(op2, 15,BigDecimal.ROUND_UP));
        }
    }
```

```
<已终止> BigDecimal1 [Java 应用程序] C:\Program Files\Java\jdk1.8.0_20\bin\javaw.exe (2014年11月15日 下午8:26:45)
和=6.14159
差=0.14159
积=9.8695877281
商=1.04720
负值=-3.14159
指定精度的商=1.047196666666667
```

图4-12　例4-12运行结果

4.7 Random 类

java.util.Random 类提供了一系列用于产生随机数的方法。有两种产生随机数的方法，第一种 Math 类的 random()方法虽然也能产生随机数，但是它只能产生 0.0~1.0 随机数；第二种 Random 类则可以十分方便地产生自己需要的各种形式的随机数。

Random 类常用方法如下。

- Random()：创建一个新的随机数生成器。
- next（int bits）：生成下一个伪随机数。
- nextInt()：返回下一个伪随机数，它是此随机数生成器的序列中均匀分布的 int 值。
- nextLong()：返回下一个伪随机数，它是从此随机数生成器的序列中取出的、均匀分布的 long 值。
- setSeed（long seed）：使用单个 long 种子设置此随机数生成器的种子。

例 4-13　代码及运行结果如图 4-13 所示。

```java
package chap04;
import java.util.Random;
public class RandomTest {
    public static void main(String[] args) {
        // TODO Auto-generated method stub
        Random randomObj = new Random();
        int ctr = 0;
        int zheng = 0,fan = 0;
        while(ctr<10){
            float val = randomObj.nextFloat();
```

```
            if(val<0.5){
                zheng++;
            }
            else{fan++;}
            ctr++;
        }
        System.out.println("正面"+zheng+"次");
        System.out.println("反面"+fan+"次");
    }
}
```

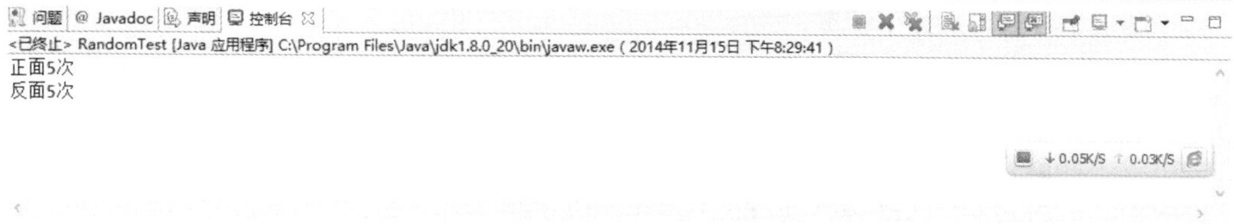

正面5次
反面5次

图4-13 例4-13运行结果

习题四

一、选择题

1. String 和 StringBuffer 中的哪个方法能改变调用该方法的对象自身的值（   ）。
   A. String 的 charAt()   B. String 的 replace()
   C. String 的 toUpperCase()   D. StringBuffer 的 reverse()
2. 在 Java 中，所有类的根类是（   ）。
   A. java.lang.Object   B. java.lang.Class
   C. java.applet.Applet   D. java.awt.Frame
3. 在 Java 中，由 Java 编译器自动导入，而无需在程序中用 import 导入的包是（   ）。
   A. java.applet   B. java.awt   C. java.util   D. java.lang
4. 给出下面的代码：

```
public class Person
{
    static int arr[] = new int[10];
    public static void main(String a[])
    {
        System.out.println(arr[1]);
    }
}
```

以下判断正确的是（   ）。
   A. 编译时将产生错误   B. 编译时正确，运行时将产生错误
   C. 输出零   D. 输出空

5. 关于基本类型转换下面说法错误的是（　　）

    A. Integer 类型可以自动转化为 int 基本类型

    B. int 类型对应的包装类是 java.lang.Integer

    C. int 类型可以自动转化为 Long 类型

    D. long 类型可以自动转化为 Long 类型

二、填空题

1. Java 类的根是_____类，其他所有类都是由该类派生出来的。

2. 使用字符串的 compareTo() 方法能比较两个字符串的大小，而使用字符串的_____方法只能得知两个字符串是否相同。

3. 写出下面程序的输出结果：_____。

```java
public class StringExample {
    public static void main(String[] args) {
        String str = new String("abcd");
        String str1 = "abcd";
        String str2 = new String("abcd");
        System.out.println(str == str1);
        System.out.println(str == str2);
        System.out.println(str1 == str2);
        System.out.println(str.equals(str1));
        System.out.println(str.equals(str2));
        System.out.println(str1.equals(str2));
        System.out.println(str == str.intern());
        System.out.println(str1 == str1.intern());
        System.out.println(str.intern() == str2.intern());
        String hello = "hello";
        String hel = "hel";
        String lo = "lo";
        System.out.println(hello == "hel" + "lo");
        System.out.println(hello == "hel" + lo);
    }
}
```

4. 如果 ch 为 StringBuffer 对象，ch= "Java Apple"，ch.insert(3, 'p') 的结果是：_____。ch.append("Basic") 的结果是：_____。ch.setlength (5) 的结果是：_____。ch.reverse() 的结果是：_____。

5. Math 类中提供用来常数 π 和 e 的静态属性分别是什么：_____，_____。

三、编程题

1. 实现把 "I Love Java!" 的字符全部转换为小写并输出到控制台，运行结果如图 4-14 所示。

2. 使用 String 类中的 split() 函数，统计出 "this is my homework! I must finish it!" 中单词的个数（注意：单词之间用一个空格来分隔），运行结果如图 4-15 所示。

3. 获取字符串 "kk" 在另一个字符串 "abkkcdkkefkkskk" 中出现的次数，运行结果如

图 4-16 所示。

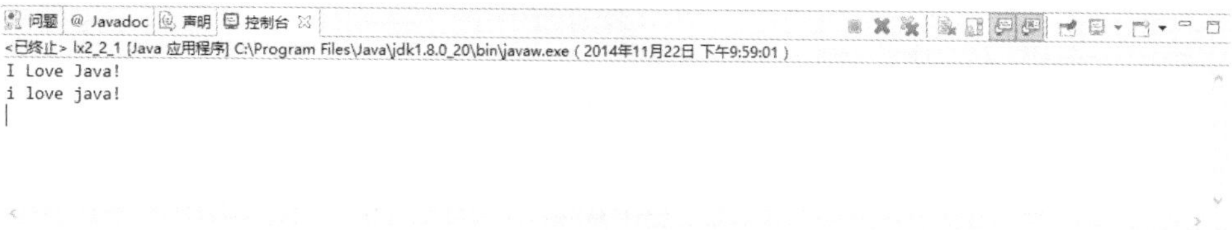

图4-14

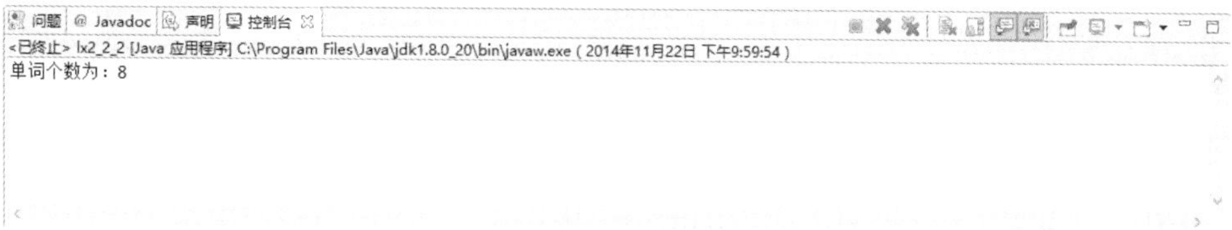

图4-15

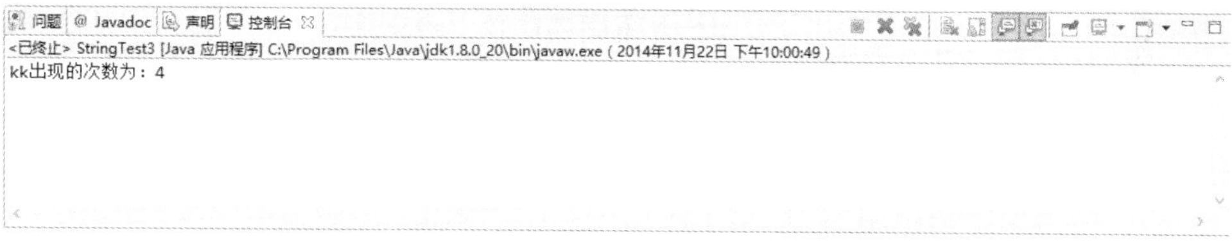

图4-16

4. 有 3 个字符串，s1="Hello Java"，s2="Java Applet"，s3="Java"，编写程序找出其中最大者，运行结果如图 4-17 所示。

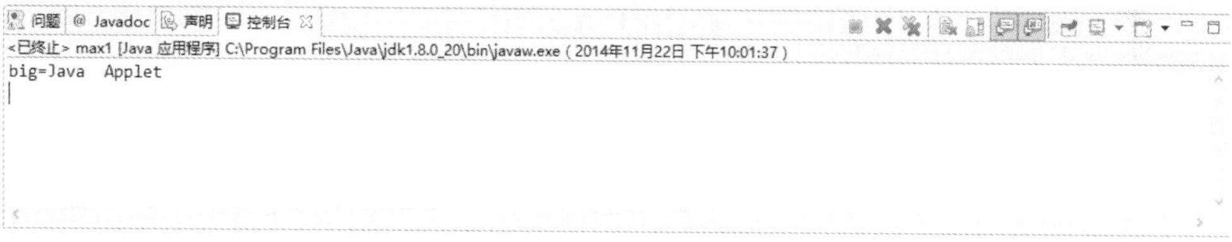

图4-17

5. 设定 5 个字符串，要求只打印那些以字母"b"开头的串，编写程序完成，运行结果如图 4-18 所示。

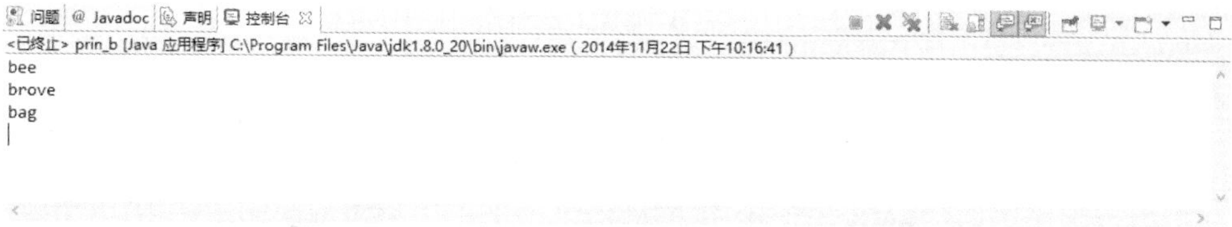

图4-18

第 5 章
集合框架

【本章导读】

Java 里面最重要、最常用的一部分就是集合了。能够用好集合和理解好集合对于进行 Java 程序的开发拥有无比的好处。本章介绍集合框架的相关基本概念，包括介绍 Collection、List、Set 和 Map 等接口的使用方法，并介绍 ArrayList 和 HashSet 等类的相关知识。

【学习目标】
- 理解集合框架的应用方法
- 掌握 Collection 接口、List 接口及 Set 接口常用方法
- 掌握 Iterator 接口常用方法，能应用接口方法进行集合的迭代遍历
- 掌握 ArrayList 类和 LinkedList 类及其应用方法
- 掌握 HashSet 和 TreeSet 类及其应用方法
- 掌握 HashMap 和 TreeMap 类及其应用方法
- 掌握 Comparable 接口常用方法

5.1 集合框架入门

5.1.1 集合简介

集合是用来存储和管理其他对象的对象，即对象的容器。常常将数组与集合作比较，它们的区别如下：

（1）集合可以扩容，长度可变，可以存储多种类型的数据。数组长度不可变，只能存储单一类型的元素。

（2）集合可以说是一个特殊的数组，数组是只可以进行修改数据和查询数据，但是无法进行增加元素和删除元素。而集合可以进行增、删、改、查的动作。

5.1.2 集合分类

Java 集合划分为两个不同的概念，如下。

（1）Collection：一组对立的元素，通常这些元素都服从某种规则，包括 List 和 Set。List 必须保持元素特定的顺序，而 Set 不能有重复元素。

（2）Map：一个映射，它将唯一的键映射为一个值，键是用来查找值的对象。因此，给定一个键和其相对应的值，就可以把键存放在 Map 对象中，并且可以通过键来检索。

Collection 和 Map 的区别在于容器中每个位置保存的元素个数。Collection 每个位置只能保存一个元素（对象）。例如 List，它以特定的顺序保存一组元素；Set 则是元素不能重复。Map 保存的是"键值对"，就像一个小型数据库。我们可以通过"键"找到该键对应的"值"。

图 5-1 是集合的框架结构图。

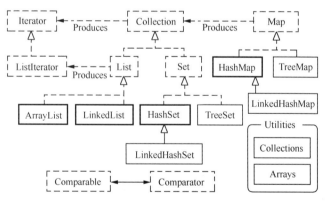

图5-1 Java集合的框架图

图中有 8 个集合接口（短虚线表示），表示不同集合类型，是集合框架的基础。
8 个实现类（实线表示），是对集合接口的具体实现。

5.2 Collection 接口

Collection 接口是 List 接口和 Set 接口的父接口，通常情况下不被直接使用，不过 Collection

接口定义了一些通用的方法,通过这些方法可以实现对集合的基本操作,因为 List 接口和 Set 接口实现了 Collection 接口,所以这些方法对 List 集合和 Set 集合是通用的。Collection 接口定义了以下一些常用方法。

- boolean add（E e）：添加一个元素。
- boolean addAll（Collection c）：添加一个集合中的所有元素。
- void clear()：清空、删除所有。
- boolean remove（Object o）：删除一个元素。
- boolean removeAll（Collection c）：删除同属于某一集合中的所有元素。
- boolean contains（Object o）：判断是否包含指定元素。
- boolean containsAll（Collection c）：判断是否同时包含另一集合中的所有元素。
- boolean isEmpty()：判断该集合是否为空。
- int size()：获取元素个数。
- boolean retainAll（Collection c）：取两个集合中的共有元素即交集。
- Iterator<E> iterator()：迭代器。
- Object[] toArray() 或 T[] toArray(T a)：将集合变成数组。

例 5-1　代码及运行结果如图 5-2 所示。

```java
package chap05;
import java.util.*;
public class Example5_1 {
    public static void main(String[] args) {
        Collection collection1=new ArrayList();//创建一个集合对象
        collection1.add("000");//添加对象到 Collection 集合中
        collection1.add("111");
        collection1.add("222");
        System.out.println("集合 collection1 的大小："+collection1.size());
        System.out.println("集合 collection1 的内容："+collection1);
        collection1.remove("000");//从集合 collection1 中移除掉 "000" 这个对象
        System.out.println("集合 collection1 移除 000 后的内容："+collection1);
        System.out.println("集合 collection1 中是否包含 000："+collection1.contains("000"));
        System.out.println("集合 collection1 中是否包含 111："+collection1.contains("111"));
        Collection collection2=new ArrayList();
        collection2.addAll(collection1);//将 collection1 集合中的元素全部都加到 collection2 中
        System.out.println("集合 collection2 的内容："+collection2);
        collection2.clear();//清空集合 collection2 中的元素
        System.out.println(" 集 合  collection2  是 否 为 空： "+collection2.isEmpty());
        //将集合 collection1 转化为数组
        Object s[]= collection1.toArray();
```

```
        for(int i=0;i<s.length;i++){
            System.out.println(s[i]);
        }
    }
```

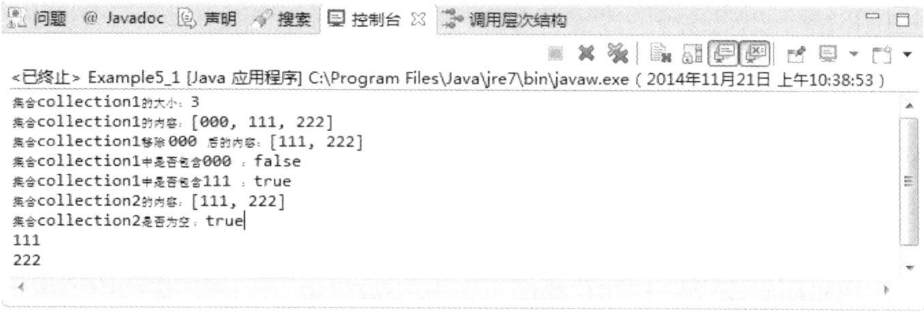

```
<已终止> Example5_1 [Java 应用程序] C:\Program Files\Java\jre7\bin\javaw.exe（2014年11月21日 上午10:38:53）
集合collection1的大小：3
集合collection1的内容：[000, 111, 222]
集合collection1删除000 后的内容：[111, 222]
集合collection1中是否包含000：false
集合collection1中是否包含111：true
集合collection2的内容：[111, 222]
集合collection2是否为空：true
111
222
```

图5-2　例5-1运行结果

> **注意**
>
> Collection 仅仅只是一个接口，而我们真正使用的时候，确是创建该接口的一个实现类。作为集合的接口，它定义了所有属于集合的类所应该具有的一些方法。而 ArrayList（列表）类是集合类的一种实现方式。

5.3　Iterator 接口

迭代器（Iterator）本身就是一个对象，它的工作就是遍历并选择集合序列中的对象，而客户端的程序员不必知道或关心该序列底层的结构。此外，迭代器通常被称为"轻量级"对象，创建它的代价小。但是，它也有一些限制，例如，某些迭代器只能单向移动。通过调用 Collection.iterator()方法即可获得该集合的迭代器。Iterator 接口定义有以下一些常用方法。

- next()：获得集合序列中的下一个元素。
- hasNext()：检查序列中是否有元素。
- remove()：将迭代器新返回的元素删除。

例 5-2　代码及运行结果如图 5-3 所示。

```java
package chap05;
import java.util.ArrayList;
import java.util.Collection;
import java.util.Iterator;
public class Example5_2 {
    public static void main(String[] args) {
        Collection collection = new ArrayList();
        collection.add("s1");
        collection.add("s2");
```

```
        collection.add("s3");
        Iterator iterator = collection.iterator();//得到一个迭代器
        while (iterator.hasNext()) {//遍历
            Object element = iterator.next();
            System.out.println("iterator = " + element);
        }
        if(collection.isEmpty())
            System.out.println("collection is Empty!");
        else
            System.out.println("collection is not Empty! size="+collection.size());
        Iterator iterator2 = collection.iterator();
        while (iterator2.hasNext()) {//移除元素
            Object element = iterator2.next();
            System.out.println("remove: "+element);
            iterator2.remove();
        }
        Iterator iterator3 = collection.iterator();
        if (!iterator3.hasNext()) {//察看是否还有元素
            System.out.println("还有元素");
        }
        if(collection.isEmpty())
            System.out.println("collection is Empty!");
        //使用 collection.isEmpty()方法来判断
    }
}
```

```
iterator = s1
iterator = s2
iterator = s3
collection is not Empty! size=3
remove: s1
remove: s2
remove: s3
还有元素
collection is Empty!
```

图5-3 例5-2运行结果

5.4 List 接口

5.4.1 概述

List 就是列表的意思，它是 Collection 的一种，继承了 Collection 接口，以定义一个允许重复项的有序集合。该接口不但能够对列表的一部分进行处理，还添加了面向位置的操作。List 是按对象的进入顺序进行保存对象的，而不做排序或编辑操作。它除了拥有 Collection 接口的所有的方法外还拥有一些其他的方法。List 接口定义有以下一些常用方法。

- void add（int index，Object element）：在指定位置 index 上添加元素 element。
- boolean addAll（int index，Collection c）：将集合 c 的所有元素添加到指定位置 index。
- Object get（int index）：返回 List 中指定位置的元素。
- int indexOf（Object o）：返回第一个出现元素 o 的位置，否则返回-1。
- int lastIndexOf（Object o）：返回最后一个出现元素 o 的位置，否则返回-1。
- Object remove（int index）：删除指定位置上的元素。
- Object set（int index，Object element）：用元素 element 取代位置 index 上的元素，并且返回旧的元素。
- ListIterator listIterator()：返回一个列表迭代器，用来访问列表中的元素。
- ListIterator listIterator（int index）：返回一个列表迭代器，用来从指定位置 index 开始访问列表中的元素。
- List subList（int fromIndex，int toIndex）：返回从指定位置 fromIndex（包含）到 toIndex（不包含）范围中各个元素的列表视图。

实现 List 接口的类有 ArrayList 类和 LinkedList 类。下面对其进行详细介绍。

5.4.2 ArrayList 类

ArrayList 类是一个长度可变的对象引用数组，类似于动态数组，即 ArrayList 可以动态增减大小，数组列表以初始长度创建，当长度超过时，集合自动增大；当删除对象时，集合自动变小。访问和遍历对象时，它提供更好的性能。ArrayList 类定义有以下一些常用方法。

- toArray()：从 ArrayList 中得到一个数组。
- public boolean add（Object o）：将指定的元素追加到此列表的尾部。
- public Object remove（Object o）：从此列表中移除指定元素的单个实例（如果存在），此操作是可选的。
- public Object get（int index）：返回此列表中指定位置上的元素。
- public int size()：返回此列表中的元素数。
- void ensureCapacity（int minCapacity）：将 ArrayList 对象容量增加 minCapacity，在向一个 ArrayList 对象添加大量元素的程序中，可使用 ensureCapacity 方法增加 capacity。这可以减少增加重分配的数量。
- void trimToSize()：整理 ArrayList 对象容量为列表当前大小。程序可使用这个操作减少 ArrayList 对象存储空间。

例 5-3　代码及运行结果如图 5-4 所示。

```
package chap05;
import java.util.*;
public class Example5_3
{
    public static void main(String args[])
```

```java
{
    // 创建一个ArrarList对象
    ArrayList al = new ArrayList();
    System.out.println("a1 的初始化大小：" + al.size());
    // 向ArrayList对象中添加新内容
    al.add("C");            // 0 位置
    al.add("A");            // 1 位置
    al.add("E");            // 2 位置
    al.add("B");            // 3 位置
    al.add("D");            // 4 位置
    al.add("F");            // 5 位置
    // 把A2加在ArrayList对象的第2个位置
    al.add(1, "A2");        // 加入之后的内容：C A2 A E B D F
    System.out.println("a1 加入元素之后的大小：" + al.size());
    // 显示Arraylist数据
    System.out.println("a1 的内容：" + al);
    // 从ArrayList中移除数据
    al.remove("F");
    al.remove(2);           // C A2 E B D
    System.out.println("a1 删除元素之后的大小：" + al.size());
    System.out.println("a1 的内容：" + al);
    }
}
```

```
<已终止> Example5_3 [Java 应用程序] C:\Program Files\Java\jre7\bin\javaw.exe（2014年11月21日 下午2:34:48）
a1 的初始化大小：0
a1 加入元素之后的大小：7
a1 的内容：[C, A2, A, E, B, D, F]
a1 删除元素之后的大小：5
a1 的内容：[C, A2, E, B, D]
```

图5-4　例5-3运行结果

例5-4　代码及运行结果如图5-5所示。

```java
package chap05;
import java.util.*;
public class Example5_4{
    public static void main(String[] argv) {
        ArrayList al = new ArrayList();
        // Add lots of elements to the ArrayList...
        al.add(new Integer(11));
        al.add(new Integer(12));
        al.add(new Integer(13));
        al.add(new String("hello"));
```

```
            // First print them out using a for loop.
            System.out.println("Retrieving by index:");
            for (int i = 0; i<al.size(); i++) {
                System.out.println("Element " + i + " = " + al.get(i));
            }
        }
    }
```

```
<已终止> Example5_3_2 [Java 应用程序] C:\Program Files\Java\jre7\bin\javaw.exe（2014年11月21日 下午2:39:50）
Retrieving by index:
Element 0 = 11
Element 1 = 12
Element 2 = 13
Element 3 = hello
```

图 5-5　例 5-4 运行结果

5.4.3　LinkedList 类

LinkedList 类是一个有序集合，将每个对象存放在独立的链接中，每个链接中还存放着序列中下一个链接的索引。在 Java 中，所有的链接列表实际上是双重的，即每个链接中还存放着对它的前面的链接的索引。

LinkedList 类适合处理数据序列中数据数目不定，且频繁进行插入和删除操作。每当插入或删除一个元素时，只需要更新其他元素的索引即可，不必移动元素的位置，效率很高。

LinkedList 类添加了一些处理列表两端元素的方法。

- void addFirst（Object o）：将对象 o 添加到列表的开头。
- void addLast（Object o）：将对象 o 添加到列表的结尾。
- Object getFirst()：返回列表开头的元素。
- Object getLast()：返回列表结尾的元素。
- Object removeFirst()：删除并且返回列表开头的元素。
- Object removeLast()：删除并且返回列表结尾的元素。
- LinkedList()：构建一个空的链接列表。
- LinkedList（Collection c）：构建一个链接列表，并且添加集合 c 的所有元素。

例 5-5　代码及运行结果如图 5-6 所示。

```
package chap05;
import java.util.*;
public class Example5_5
{
    public static void main(String args[])
    {
        // 创建 LinkedList 对象
        LinkedList ll = new LinkedList();
```

```java
        // 加入元素到 LinkedList 中
        ll.add("F");
        ll.add("B");
        ll.add("D");
        ll.add("E");
        ll.add("C");
        // 在链表的最后一个位置加上数据
        ll.addLast("Z");
        // 在链表的第一个位置上加入数据
        ll.addFirst("A");
        // 在链表第二个元素的位置上加入数据
        ll.add(1, "A2");
        System.out.println("ll 最初的内容:" + ll);
        // 从 linkedlist 中移除元素
        ll.remove("F");
        ll.remove(2);
        System.out.println("从 ll 中移除内容之后:" + ll);
        // 移除第一个和最后一个元素
        ll.removeFirst();
        ll.removeLast();
        System.out.println("ll 移除第一个和最后一个元素之后的内容:" + ll);
        // 取得并设置值
        Object val = ll.get(2);
        ll.set(2, (String) val + " Changed");
        System.out.println("ll 被改变之后:" + ll);
    }
}
```

```
ll 最初的内容: [A, A2, F, B, D, E, C, Z]
从 ll 中移除内容之后: [A, A2, D, E, C, Z]
ll 移除第一个和最后一个元素之后的内容: [A2, D, E, C]
ll 被改变之后: [A2, D, Changed, C]
```

图5-6　例5-5运行结果

5.5　Set 接口

5.5.1　概述

Java 中的 Set 和数学上直观的集 (set) 的概念是相同的。Set 最大的特性就是不允许在其中存放重复的元素。Set 可以用来过滤集合中存放的元素，从而得到一个没有重复元素的集合。

Set 接口继承 Collection 接口，其特点是它不允许集合中存在重复项，并且容器中对象不按特定方式排序。Set 接口没有引入新方法，所以 Set 就是一个 Collection，只不过其行为不同。Set 接口定义有以下一些常用方法。

- boolean add（Object o）：如果 Set 中尚未存在指定元素，则添加该元素。
- boolean contains（Object o）：判断 Set 容器中是否包含指定元素，包含则返回 true。
- boolean equals（Object o）：比较指定对象是否与 Set 容器对象相等，相等返回 true。
- boolean isEmpty()：判断 Set 容器是否为空，空则返回 true。
- boolean remove（Object o）：将 Set 容器中的指定元素删除。
- void clear()：删除 Set 容器中的所有元素。
- int size()：返回 Set 容器中的元素个数。

Set 接口实现类有 HashSet 类和 TreeSet 类，下面对其进行详细介绍。

5.5.2 HashSet 类

HashSet 类是一个实现 Set 接口的具体类，可以用来存储互不相同的元素，不保证容器的迭代顺序，不保证顺序恒久不变，元素是没有顺序的，HashSet 类允许 null 元素。

HashSet 类底层是用 HashMap 实现的，线程不同步，外部无序地遍历成员。它创建一个类集，该类集使用散列表进行存储，而散列表使用散列法的机制来存储信息。散列法使其访问速度很快。所以，在不需要放入重复数据并且不关心放入顺序以及元素是否要求有序的情况下，选择使用 HashSet 类。

为了保证一个类的实例对象能在 HashSet 中正常存储，要求这个类的两个实例对象用 equals()方法比较的结果相等时，它们的哈希码也必须相等，所以为 HashSet 类的各个对象重新定义 hashCode()方法和 equals()方法。

例 5-6 代码及运行结果如图 5-7 所示。

```java
package chap05;
import java.util.*;
public class Example5_6 {
    public static void main(String[] args) {
        Set set1 = new HashSet();
        if (set1.add("a")) {//添加成功
            System.out.println("1 add true");
        }
        if (set1.add("a")) {//添加失败
            System.out.println("2 add true");
        }
        set1.add("000");//添加对象到 Set 集合中
        set1.add("111");
        set1.add("222");
        System.out.println("集合 set1 的大小："+set1.size());
        System.out.println("集合 set1 的内容："+set1);
```

```java
        set1.remove("000");//从集合 set1 中移除掉"000"这个对象
        System.out.println("集合 set1 移除 000 后的内容："+set1);
        System.out.println("集合 set1 中是否包含 000："+set1.contains("000"));
        System.out.println("集合 set1 中是否包含 111："+set1.contains("111"));
        Set set2=new HashSet();
        set2.add("111");
        set2.addAll(set1);//将 set1 集合中的元素全部都加到 set2 中
        System.out.println("集合 set2 的内容："+set2);
        set2.clear();//清空集合 set1 中的元素
        System.out.println("集合 set2 是否为空："+set2.isEmpty());
        Iterator iterator = set1.iterator();//得到一个迭代器
        while (iterator.hasNext()) {//遍历
            Object element = iterator.next();
            System.out.println("iterator = " + element);
        }
        //将集合 set1 转化为数组
        Object s[]= set1.toArray();
        for(int i=0;i<s.length;i++){
            System.out.println(s[i]);
        }
    }
}
```

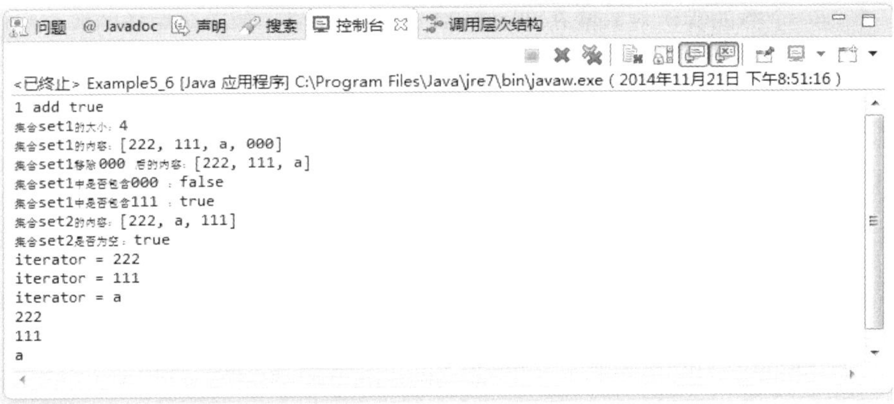

```
1 add true
集合set1的大小：4
集合set1的内容：[222, 111, a, 000]
集合set1移除000 后的内容：[222, 111, a]
集合set1中是否包含000：false
集合set1中是否包含111：true
集合set2的内容：[222, a, 111]
集合set2是否为空：true
iterator = 222
iterator = 111
iterator = a
222
111
a
```

图5-7　例5-6运行结果

例 5-7　代码及运行结果如图 5-8 所示。

```java
package chap05;
import java.util.HashSet;
import java.util.Iterator;
public class Example5_7 {
    public static void main(String[] args) {
        HashSet<Name> hs = new HashSet<Name>();
        hs.add(new Name("Wang", "wu"));
```

```java
        hs.add(new Name("Zhang", "san"));
        hs.add(new Name("Wang", "san"));
        hs.add(new Name("Zhang", "san"));
        System.out.println(hs.size());
        Iterator<Name> it = hs.iterator();
        while(it.hasNext()) {
            System.out.println(it.next());
        }
    }
}
class Name {
    String first;
    String last;
    public Name(String first, String last) {
        this.first = first;
        this.last = last;
    }
    public int hashCode() {
        final int prime = 31;
        int result = 1;
        result = prime * result + ((first == null) ? 0 : first.hashCode());
        result = prime * result + ((last == null) ? 0 : last.hashCode());
        return result;
    }
    public boolean equals(Object obj) {
        if (this == obj)
            return true;
        if (obj == null)
            return false;
        if (getClass() != obj.getClass())
            return false;
        Name other=(Name)obj;
        if (first == null) {
            if (other.first != null)
                return false;
        } else if (!first.equals(other.first))
            return false;
        if (last == null) {
            if (other.last != null)
                return false;
        } else if (!last.equals(other.last))
            return false;
        return true;
    }
```

```
    public String toString() {
        return "Name [first=" + first + ", last=" + last + "]";
    }
}
```

```
<已终止> Example5_7 [Java 应用程序] C:\Program Files\Java\jre7\bin\javaw.exe ( 2014年11月22日 上午12:03:35 )
3
Name [first=Zhang, last=san]
Name [first=Wang, last=san]
Name [first=Wang, last=wu]
```

图5-8　例5-7运行结果

5.5.3　TreeSet 类

TreeSet 类底层数据结构是二叉树，线程不同步，外部有序地遍历成员。在存储了大量的需要进行检索的排序信息的情况下，TreeSet 是一个很好的选择。TreeSet 类不仅实现了 Set 接口，还实现了 SortedSet 接口。TreeSet 类的常用构造函数如下所示。

- TreeSet()：构造一个新的、空的 Set 集合，该 Set 集合根据其元素的自然顺序进行排序，插入该 Set 的所有元素都必须实现 Comparable 接口。另外，所有元素都必须是可互相比较的：对于 Set 中的任意两个元素 e1 和 e2，需要先执行 e1.compareTo(e2)，如果用户试图将违反此约束的元素添加到 Set（例如，用户试图将字符串元素添加到其元素为整数的 Set 中），则 add() 方法调用将抛出 ClassCastException。
- TreeSet（Comparator<?super E>comparator）：构造一个空的 Set 集合，它根据指定比较器进行排序。插入到该 Set 集合中的所有元素都必须能够由指定比较器进行相互比较。其中，comparator 表示将用来对此 Set 进行排序的比较器。如果该参数为 null，则使用元素的自然排序。
- TreeSet(Collection<?extends E>c)：构造一个包含指定 Collection 元素的新的 Set 集合，按照其元素的自然顺序进行排序。插入该 Set 的所有元素都必须实现 Comparable 接口。另外，所有这些元素都必须是可相互比较的。其中，c 表示一个集合，其元素将组成新的 Set。
- TreeSet（SortedSet<E>s）：构造一个与指定有序 Set 具有相同映射关系和相同排序的新 TreeSet 集合。其中，s 表示一个有序 Set，其元素将组成新的 Set。

例 5-8　代码及运行结果如图 5-9 所示。

```
package chap05;
import java.util.*;
public class Example5_8 {
    public static void main(String args[])
    {
        // 创建一 TreeSet 对象
        TreeSet ts = new TreeSet();
        // 加入元素到 TreeSet 中
```

```
            ts.add("C");
            ts.add("A");
            ts.add("B");
            ts.add("E");
            ts.add("F");
            ts.add("D");
            System.out.println(ts);
        }
    }
```

```
[A, B, C, D, E, F]
```

图5-9 例5-8运行结果

TreeSet 支持两种排序方式。

1. 自然排序

TreeSet 会调用集合元素的 compareTo（Object obj）方法来比较两个元素之间的大小关系，然后将集合元素按升序排列，这种方式就是自然排序。

Java 提供了一个 Comparable 接口，该接口里定义了一个 compareTo（Object obj）方法，该方法返回一个整数值，实现该接口的类必须实现该方法，实现了该接口的类的对象就可以比较大小。

例 5-9 代码及运行结果如图 5-10 所示。

```
package chap05;
import java.util.*;
class R implements Comparable
{
    int count;
    public R(int count)
    {
        this.count = count;
    }
    public String toString()
    {
        return "R(count 属性:" + count + ")";
    }
    public boolean equals(Object obj) {
        if (this == obj)
            return true;
        if (obj == null)
```

```
                return false;
            if (getClass() != obj.getClass())
                return false;
            R other = (R) obj;
            if (count != other.count)
                return false;
            return true;
        }
        public int compareTo(Object obj)
        {
            R r = (R)obj;
            if (this.count > r.count)
            {
                return 1;
            }
            else if (this.count == r.count)
            {
                return 0;
            }
            else
            {
                return -1;
            }
        }
    }
    public class Example5_9 {
        public static void main(String[] args) {
            TreeSet ts = new TreeSet();
            ts.add(new R(5));
            ts.add(new R(-3));
            ts.add(new R(9));
            ts.add(new R(-2));
            //打印 TreeSet 集合，集合元素是有序排列的
            System.out.println(ts);
        }
    }
```

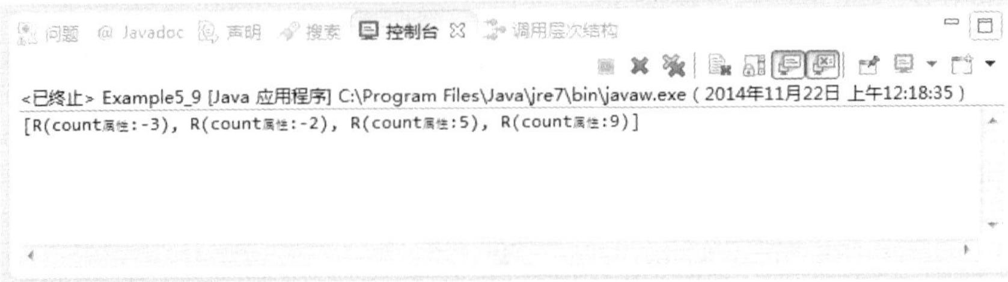
问题 @ Javadoc 声明 搜索 控制台 调用层次结构
<已终止> Example5_9 [Java 应用程序] C:\Program Files\Java\jre7\bin\javaw.exe (2014年11月22日 上午12:18:35)
[R(count属性:-3), R(count属性:-2), R(count属性:5), R(count属性:9)]

图5-10　例5-9运行结果

> **注意**
>
> 当需要把一个对象放入一个 TreeSet 中时，重写该对象对应类的 equals()方法时，应保证该方法与 compareTo（Object obj）方法有一致的结果，其规则是：如果两个对象通过 equals()方法比较返回 true 时，这两个对象通过 compareTo（object obj）方法应返回 0。

2. 定制排序

TreeSet 的自然排序是根据集合元素的大小，TreeSet 将它们以升序排列。如果需要实现定制排序，例如以降序排列，则可以使用 Comparator 接口的帮助。

该接口里包含一个 int compare（T o1，T o2）方法，该方法用于比较 o1 和 o2 的大小：如果该方法返回正整数，则表明 o1 大于 o2;如果该方法返回 0，则表明 o1 等于 o2;如果该方法返回负整数，则表明 o1 小于 o2。

例 5-10　代码及运行结果如图 5-11 所示。

```java
package chap05;
import java.util.*;
class M
{
    int age;
    public M(int age)
    {
        this.age = age;
    }
    public String toString(){
        return "M对象(age:"+ age +")";
    }
}
public class Example5_10 {
    public static void main(String[] args) {
        TreeSet ts = new TreeSet(new Comparator()
        {
            public int compare(Object o1, Object o2)
            {
                M m1 = (M)o1;
                M m2 = (M)o2;
                if (m1.age > m2.age)
                {
                    return -1;
                }
                else if (m1.age == m2.age)
                {
                    return 0;
                }
```

```
                else
                {
                    return 1;
                }
            }
        });
        ts.add(new M(5));
        ts.add(new M(-3));
        ts.add(new M(9));
        System.out.println(ts);
    }
}
```

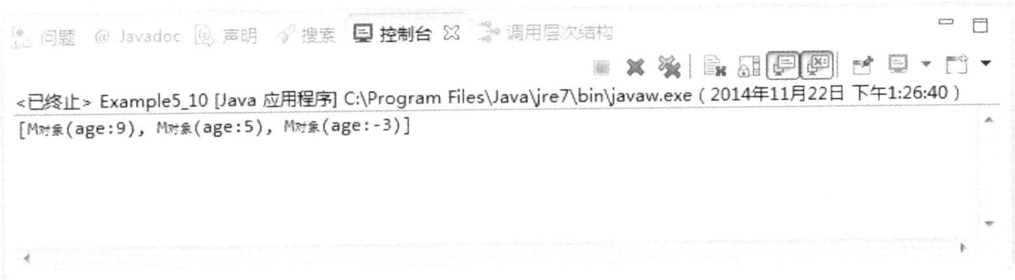
问题 @ Javadoc 声明 搜索 控制台 调用层次结构
<已终止> Example5_10 [Java 应用程序] C:\Program Files\Java\jre7\bin\javaw.exe (2014年11月22日 下午1:26:40)
[M对象(age:9), M对象(age:5), M对象(age:-3)]

图5-11　例5-10运行结果

5.6 Map 接口

5.6.1　概述

数学中的映射关系在 Java 中就是通过 Map 来实现的。它表示里面存储的元素是一对(pair)，我们通过一个对象，可以在这个映射关系中找到另外一个和这个对象相关的东西。

Map 接口不是 Collection 接口的继承。而是从用于维护键–值关联的接口层次结构入手。Map 接口中元素都是键与值成对存储的，因而需保证键的唯一性。Map 接口定义有以下一些常用方法。

- Object put (Object key，Object value)：添加或替换一对元素，返回键对应的旧值，若无旧值则返回 null (注意，不是返回新值)。当存储的键不存在时即是添加，键已存在时则为替换，新值会替换旧值并返回旧值。
- void putAll (Map m)：添加一堆元素。
- void clear()：清空。
- Object remove (Object key)：删除指定键，返回对应的值。
- boolean isEmpty()：判断是否为空。
- Object get (Object key)：根据 key (键) 取得对应的值。

- boolean containsKey（Object key）：判断 Map 中是否存在某键（key）。
- boolean containsValue（Object value）：判断 Map 中是否存在某值（value）。
- int size()：返回 Map 中键-值对的个数。
- boolean isEmpty()：判断当前 Map 是否为空。
- public Set keySet()：返回所有的键（key），并使用 Set 容器存放。
- public Collection values()：返回所有的值（Value），并使用 Collection 存放。
- public Set entrySet()：返回一个实现 Map.Entry 接口的元素 Set。

 注 意

　　因为映射中键的集合必须是唯一的，所以使用 Set 来支持。因为映射中值的集合可能不唯一，所以使用 Collection 来支持。最后一个方法返回一个实现 Map.Entry 接口的元素 Set。Map.Entry 接口是 Map 接口中的一个内部接口，该内部接口的实现类存放的是键值对。

Map 接口实现类主要有 HashMap 类和 TreeMap 类，下面对其进行详细介绍。

5.6.2 HashMap 类

HashMap 类底层是哈希表数据结构。key 不能重复，如果重复的话，后加进来的记录会覆盖前面的记录（底层是用 set 集合保存）。key 是无序的，value 可以重复。key 和 value 都可以为 null。

例 5-11　代码及运行结果如图 5-12 所示。

```java
package chap05;
import java.util.*;
public class Example5_11
{
    public static void main(String args[])
    {
        // 创建HashMap对象
        HashMap hm = new HashMap();
        // 加入元素到HashMap中
        hm.put("John Doe", new Double(3434.34));
        hm.put("Tom Smith", new Double(123.22));
        hm.put("Jane Baker", new Double(1378.00));
        hm.put("Todd Hall", new Double(99.22));
        hm.put("Ralph Smith", new Double(-19.08));
        // 返回包含映射中项的集合
        Set set = hm.entrySet();
        // 用Iterator得到HashMap中的内容
        Iterator i = set.iterator();
        // 显示元素
        while (i.hasNext())
        {
```

```
            //Map.Entry 可以操作映射的输入
            Map.Entry me = (Map.Entry) i.next();
            System.out.print(me.getKey() + ": ");
            System.out.println(me.getValue());
        }
        System.out.println();
        // 让 John Doe 中的值增加 1000
        double balance = ((Double) hm.get("John Doe")).doubleValue();
        //用新的值替换掉旧的值
        hm.put("John Doe", new Double(balance + 1000));
        System.out.println("John Doe's 现在的资金: " + hm.get("John Doe"));
    }
}
```

```
John Doe: 3434.34
Tom Smith: 123.22
Jane Baker: 1378.0
Todd Hall: 99.22
Ralph Smith: -19.08

John Doe's 现在的资金: 4434.34
```

图5-12 例5-11运行结果

HashMap 是基于 HashCode 的,在所有对象的超类 Object 中有一个 HashCode()方法,但是它和 equals()方法一样,并不能适用于所有的情况,这样就需要重写自己的 HashCode()方法。

例 5-12 代码及运行结果如图 5-13 所示。

```java
package chap05;
import java.util.*;
//身份证类
class Code{
    final int id;//身份证号码已经确认,不能改变
    Code(int i){
        id=i;
    }
    //身份号号码相同,则身份证相同
    public boolean equals(Object anObject) {
        if (anObject instanceof Code){
            Code other=(Code) anObject;
            return this.id==other.id;
        }
        return false;
    }
    public String toString() {
```

```java
            return "身份证:"+id;
        }
        //覆写 hashCode 方法，并使用身份证号作为 hash 值
        public int hashCode(){
            return id;
        }
}
class Person
{
        String name;
        Code id;
        public Person(String name, Code id) {
            super();
            this.name = name;
            this.id = id;
        }
        public String getName() {
            return name;
        }
        public void setName(String name) {
            this.name = name;
        }
        public Code getId() {
            return id;
        }
        public void setId(Code id) {
            this.id = id;
        }
        public String toString() {
            return "姓名是"+this.getName();
        }
}
public class Example5_12 {
        public static void main(String[] args) {
            HashMap map=new HashMap();
            Person p1=new Person("张三",new Code(123));
            map.put(p1.id,p1);//根据身份证来作为 key 值存放到 Map 中
            Person p2=new Person("李四",new Code(456));
            map.put(p2.id,p2);
            Person p3=new Person("王二",new Code(789));
            map.put(p3.id,p3);
            System.out.println("HashMap 中存放的人员信息:\n"+map);
            // 张三 改名为：张山 但是还是同一个人。
            Person p4=new Person("张山",new Code(123));
```

```
        map.put(p4.id,p4);
        System.out.println("张三改名后 HashMap 中存放的人员信息:\n"+map);
        //查找身份证为：123 的人员信息
        System.out.println("查找身份证为: 123 的人员信息:"+map.get(new Code(123)));
    }
}
```

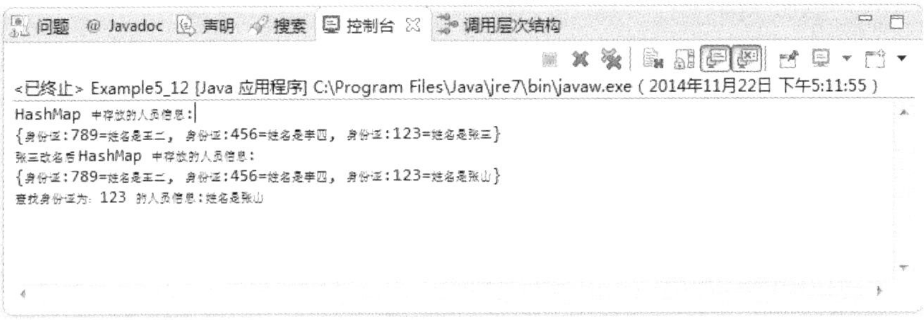

图5-13　例5-12运行结果

5.6.3　TreeMap 类

TreeMap 类不仅实现了 Map 接口，还实现了 java.util.SortMap 接口，因此集合中的映射关系具有一定的顺序。但是在添加、删除和定位映射关系上，TreeMap 类比 HashMap 类的性能差一些。TreeMap 类实现的 Map 集合中的映射关系是根据键值对象按一定的顺序排列的。因此，不允许键对象是 null。

TreeMap 中是根据键（Key）进行排序的。如果要使用 TreeMap 来进行正常的排序，Key 中存放的对象必须实现 Comparable 接口。

例 5-13　代码及运行结果如图 5-14 所示。

```
package chap05;
import java.util.* ;
public class Example5_13
{
    public static void main(String args[])
    {
        // 创建TreeMap对象
        TreeMap tm = new TreeMap();
        // 加入元素到TreeMap中
        tm.put(new Integer(10000 - 2000), "张三");
        tm.put(new Integer(10000 - 1500), "李四");
        tm.put(new Integer(10000 - 2500), "王五");
        tm.put(new Integer(10000 - 5000), "赵六");
        Collection col = tm.values();
        Iterator i = col.iterator();
        System.out.println("按工资由高到低顺序输出: ");
        while (i.hasNext())
```

```
            {
                System.out.println(i.next());
            }
        }
    }
}
```

图5-14 例5-13运行结果

对于 Map 的使用和实现,需要注意存放"键值对"中的对象的 equals()方法和 hashCode()方法的覆写。如果需要排序,必须要实现 Comparable 接口中的 compareTo()方法。Map 中的"键"是不能重复的,而对重复的判断是通过调用"键"对象的 equals()方法来决定的。HashMap 中查找和存取"键值对"是需要同时调用 hashCode()方法和 equals()方法来完成。

习题五

一、选择题

1. 给出下面的代码,判断正确的是( )。

```
package chap05;
import java.util.*;
public class TestListSet{
public static void main(String args[]){
    List list = new ArrayList();
    list.add("Hello");
    list.add("Learn");
    list.add("Hello");
    list.add("Welcome");
    Set set = new HashSet();
    set.addAll(list);
    System.out.println(set.size());
}
}
```

A. 编译不通过   B. 编译通过,运行时异常
C. 编译运行都正常,输出 3   D. 编译运行都正常,输出 4

2. 给出下面的代码，判断正确的是（ ）。

```java
package chap05;
import java.util.*;
class Student {
int age;
String name;
public Student(){}
public Student(String name, int age){
    this.name = name;
    this.age = age;
}
public int hashCode(){
    return name.hashCode() + age;
}
public boolean equals(Object o){
    if (o == null) return false;
    if (o == this) return true;
    if (o.getClass() != this.getClass()) return false;
    Student stu = (Student) o;
    if (stu.name.equals(name) && stu.age == age) return true;
    else return false;
}
}
public class TestHashSet{
public static void main(String args[]){
    Set set = new HashSet();
    Student stu1 = new Student();
    Student stu2 = new Student("Tom", 18);
    Student stu3 = new Student("Tom", 18);
    set.add(stu1);
    set.add(stu2);
    set.add(stu3);
    System.out.println(set.size());
}
}
```

A. 编译错误
B. 编译正确，运行时异常
C. 编译运行都正确，输出结果为 3
D. 编译运行都正确，输出结果为 2

二、填空题

1. Collection 接口的特点是元素是_____。
2. List 接口的特点是元素_____（有|无）顺序，_____（可以|不可以）重复。
3. Set 接口的特点是元素_____（有|无）顺序，_____（可以|不可以）重复。
4. Map 接口的特点是_____，其中_____可以重复，_____不可以重复。

5. 下列关于 Map 接口中常见的方法。put()方法表示放入一个键值对，如果键已存在则_____，如果键不存在则_____。remove()方法接受_____个参数，表示_____。get()方法表示_____，get()方法的参数表示_____，返回值表示_____。要想获得 Map 中所有的键，应该使用方法_____，该方法返回值类型为_____。要想获得 Map 中所有的值，应该使用方法_____，该方法返回值类型为_____。要想获得 Map 中所有的键值对的集合，应该使用方法_____，该方法返回一个_____类型所组成的 Set。

三、简答题

1. 什么是 Iterator？
2. Iterator 与 ListIterator 有什么区别？
3. Collection 和 Collections 的区别。

四、程序题

1. 已知某学校的教学课程内容安排如下。

老师	课程
Tom	CoreJava
John	Oracle
Susan	Oracle
Jerry	JDBC
Jim	UNIX
Kevin	JSP
Lucy	JSP

完成下列要求。

（1）使用一个 Map，以老师的名字作为键，以老师教授的课程名作为值，表示上述课程安排。

（2）增加了一位新老师 Allen 讲授 JDBC。

（3）Lucy 改为讲授 CoreJava。

（4）遍历 Map，输出所有的老师及老师教授的课程。

（5）利用 Map，输出所有讲授 JSP 的老师。

2. 有如下 Student 对象。

```
Student
name : String
age : int
score : double
classNum : String
```

其中，classNum 表示学生的班号，如 "class05"，有如下 List。

List list = new ArrayList();
list.add（new Student（"Tom", 18, 100, "class05"））;
list.add（new Student（"Jerry", 22, 70, "class04"））;
list.add（new Student（"Owen", 23, 90, "class05"））;

list.add (new Student ("Jim", 25, 80, "class05"));
list.add (new Student ("Steve", 20, 66, "class06"));
list.add (new Student ("Kevin", 24, 100, "class04"));
在这个 list 的基础上,完成下列要求。
(1)计算所有学生的平均年龄。
(2)计算各个班级的平均分。

第 6 章
GUI 编程

【本章导读】

本章主要介绍 Java GUI 编程的基本思想和应用 GUI 组件编写 Java 桌面程序的技术。主要包括 GUI 编程中基本组件的使用、高级 GUI 组件的应用、组件的布局和 Java 事件处理。通过本章学习，读者能了解 Java GUI 编程中基本组件和容器之间的关系，掌握常用组件布局方法和编写事件处理程序的相关知识。

【学习目标】
- 了解 Java GUI 的基本概念
- 掌握 GUI 中常用容器的使用场合和使用方法
- 掌握 GUI 组件的特点和使用方法
- 能应用布局管理器优化界面设计
- 能实现 GUI 事件处理

6.1 GUI 入门

6.1.1 GUI 概述

图形用户界面（Graphical User Interface，GUI），又称图形用户接口，即人机交互图形化用户界面设计。

6.1.2 何为 GUI

1. GUI 编程

GUI 编程主要包括 Applet 编程、AWT 编程和 Swing 编程 3 方面。

- Applet：是一种 Java 程序，它一般运行在支持 Java 的 Web 浏览器内。运行 Applet 所需的大多数图形支持能力都内置于浏览器中。
- AWT：抽象窗口工具包（Abstract Window Toolkit，AWT），其作用是给用户提供基本的界面构件，这一类实现的是 application 的应用程序，由于缺陷很多，有被 Swing 类取代的趋势。
- Swing：是一个用于开发 Java 应用程序用户界面的开发工具包，它是对继承 AWT 类编程的一个改进。

2. AWT 和 Swing 的区别

- AWT 的图形和底层操作系统相关，随着操作系统的改变，该图形界面外观会发生改变，而 Swing 的图形与操作系统无关，在任何操作系统都显示一样的效果。
- Swing 的组件比 AWT 要丰富得多。

3. Swing 基本容器

Swing 基本容器主要使用的是 JFrame 和 JPanel。

4. 基本组件

在 GUI 中，可以在容器中通过添加组件的方式绘制界面。常用的基本组件有：JLabel、JButton、JTextField、JRadioButton、JCheckBox 等。

5. 布局管理器

GUI 中通过布局管理器来帮助实现图形界面的布局，常用的布局有：BorderLayout、FlowLayout、GridLayout 和 CardLayout。

6. GUI 事件处理

事件（Event）：用户在 GUI 组件上进行的操作，如鼠标单击、输入文字、关闭窗口等。GUI 图形界面要能够响应这些事件，需要对事件进行处理。

6.1.3 GUI 编程步骤

GUI 编程主要经过以下 3 个步骤。

（1）选择一个容器。
（2）设置一个布局管理器，用 setLayout() 方法设置。
（3）向容器中添加组件。

例 6-1　代码及运行结果如图 6-1 所示。

```java
package chap06;
import java.awt.*;
import javax.swing.*;
public class FirstFrame {
    //测试swing编程
    public static void testSwing(){
        JFrame frame = new JFrame("swing测试");
        JButton but = new JButton("按钮");
        JLabel lab = new JLabel("标签");
        //设置窗体的布局
        frame.setLayout(new FlowLayout(FlowLayout.CENTER));
        frame.add(lab);
        frame.add(but);
        //设置窗体的大小
        frame.setSize(200,100);
        //自动调整窗体的默认大小
        //frame.pack();
        //设置窗体标题:
        frame.setTitle("我的第一个窗体");
        //窗体默认是隐藏的
        frame.setVisible(true);
    }
    public static void main(String[] args) {
        testSwing();
    }
}
```

图6-1 例6-1运行结果

6.2 布局管理器

如果图形界面中的组件过于复杂时，图形界面设计就会非常繁杂，GUI Swing 提供了几种布局管理器，借助于布局管理器，可以使图形界面中的组件布局更加方便。

6.2.1 BorderLayout 布局管理器

BorderLayout 将一个窗体的版面划成东、西、南、北、中 5 个区域，可以直接将需要的组件放到 5 个区域即可。

例 6-2 代码及运行结果如图 6-2 所示。

```
package chap06;
import java.awt.*;
import javax.swing.*;
public class BorderLayoutDemo01 {
    public static void main(String[] args) {
        JFrame frame = new JFrame("Welcome to kende's home");
        frame.setLayout(new BorderLayout(20, 20));
        frame.add(new JButton("东"), BorderLayout.EAST);
        frame.add(new JButton("西"), BorderLayout.WEST);
        frame.add(new JButton("南"), BorderLayout.SOUTH);
        frame.add(new JButton("北"), BorderLayout.NORTH);
        frame.add(new JButton("中"), BorderLayout.CENTER);
        frame.setSize(500,300);
        frame.setLocation(400, 300);
        frame.setVisible(true);
    }
}
```

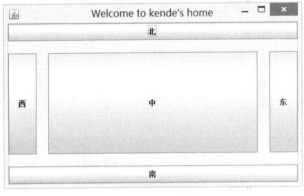

图6-2 例6-2运行结果

边框布局管理器的特点是，组件会随设置固定在某一区域，即使拉伸窗体也不会改变位置，但是大小会随窗体的拉伸发生改变。

6.2.2 FlowLayout 布局管理器

FlowLayout 属于流式布局管理器，使用此种布局方式，所有的组件会像流水一样依次排列。

例 6-3 代码及运行结果如图 6-3 所示。

```
package chap06;
import java.awt.*;
import javax.swing.*;
public class FlowLayoutDemo01 {
    public static void main(String[] args) {
        JFrame frame = new JFrame("Welcome to kende's home");
        frame.setLayout(new FlowLayout(FlowLayout.CENTER, 20, 20));
```

```
        JButton button = null;
        for(int i = 0; i < 9; i ++){
            button = new JButton("按钮-" + i);
            frame.add(button);
        }
        frame.setSize(800,500);
        frame.setLocation(400, 300);
        frame.setVisible(true);
    }
}
```

流式布局管理器的特点是，组件会根据窗体的大小，按照行列顺序排列，如图 6-3 所示，第一行排列 3 个后，窗体宽度不足以排列第四个时，会进入下一行排列。

流布局管理器的缺点是，组件的位置会因为用户对窗体的拉伸动作导致移位，效果如图 6-4 所示。

图6-3　例6-3运行结果

图6-4　例6-3运行结果

6.2.3　GridLayout 布局管理器

GridLayout 布局管理器是以网格的形式进行管理的，在使用此布局管理器的时候必须设置显示的行数和列数。

例 6-4　代码及运行结果如图 6-5 所示。

```
package chap06;
import java.awt.*;
import javax.swing.*;

public class GridLayoutDemo01 {
    public static void main(String[] args) {
        JFrame frame = new JFrame("Welcome to kende's home");
        frame.setLayout(new GridLayout(3, 5, 3, 3));
        JButton button = null;
        for(int i = 0; i < 13; i ++){
            button = new JButton("按钮-" + i);
            frame.add(button);
        }
        frame.setSize(500,300);
```

```java
        frame.setLocation(400, 300);
        frame.setVisible(true);
    }
}
```

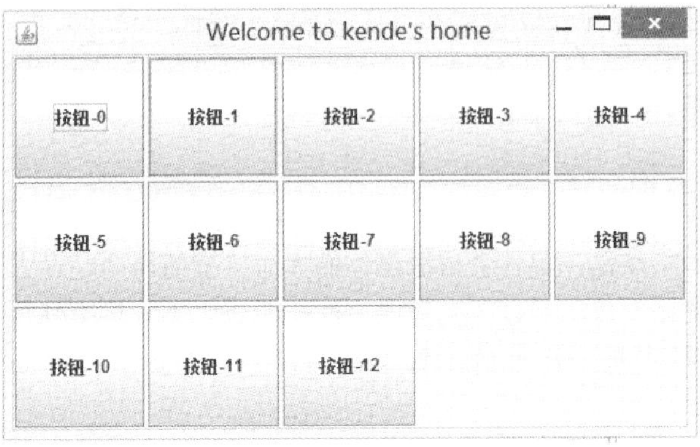

图6-5 例6-4运行结果

网格布局管理器的特点是，组件会按照事先设定的行列数量来决定组件位置，并且组件位置不会随窗体的拉伸发生位移，但是组件大小却会随之改变。

6.2.4 CardLayout 布局管理器

CardLayout 就是将一组组件彼此重叠地进行布局，就像一张张卡片一样，这样每次只会展现一个界面。

例 6-5 代码及运行结果如图 6-6 所示。

```java
package chap06;
import java.awt.*;
import javax.swing.*;
public class CardLayoutDemo01 {
    public static void main(String[] args) {
        JFrame frame = new JFrame("Welcome to kende's home");
        CardLayout card = new CardLayout();
        frame.setLayout(card);
        Container con = frame.getContentPane();
        con.add(new JLabel("标签-A", JLabel.CENTER), "first");
        con.add(new JLabel("标签-B", JLabel.CENTER), "second");
        con.add(new JLabel("标签-C", JLabel.CENTER), "third");
        con.add(new JLabel("标签-D", JLabel.CENTER), "fourth");
        con.add(new JLabel("标签-E", JLabel.CENTER), "fifth");
        frame.pack();
        frame.setVisible(true);
        card.show(con, "third");
        for (int i = 0; i < 5; i++) {
            card.next(con);
```

```
            try {
                Thread.sleep(2000);
            } catch (InterruptedException e) {
                e.printStackTrace();
            }
        }
    }
}
```

图6-6　例6-5运行结果

卡片式布局管理器的特点是，其对组件的布局就像一堆卡片，需要一张一张地翻开，每一张卡片相当于一个界面。它适合于有多个显示界面的情况，可以结合其他轻量级容器来实现。

6.2.5　绝对定位

以上的布局管理器都是依靠专门的工具完成的，在 Java 中也可以通过绝对定位的方式进行布局。运用绝对定位方式时需要注意以下几点。

（1）JFrame 的布局方式要设置为 null。

```
frame.setLayout(null);
```

（2）需要设置 x 坐标，y 坐标，width 组件宽度，height 组件高度，格式如下。

```
组件.setBounds(x,y,w,h);
```

例 6-6　代码及运行结果如图 6-7 所示。

```java
package chap06;
import java.awt.*;
import javax.swing.*;
public class AbsoluteLayoutDemo01 {
    public static void main(String[] args) {
        JFrame frame = new JFrame("Welcome to kende's home");
        frame.setLayout(null);
        JLabel title = new JLabel("www.togogo.net");
        JButton enter = new JButton("进入");
        JButton help = new JButton("帮助");
        frame.setSize(500, 400);
        frame.setLocation(300, 200);
        title.setBounds(45, 5, 150, 20);
        enter.setBounds(280, 30, 100, 80);
        help.setBounds(100, 50, 200, 100);
        frame.add(title);
        frame.add(enter);
```

```
        frame.add(help);
        frame.setVisible(true);
    }
}
```

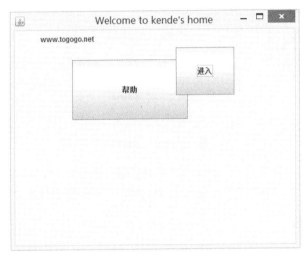

图6-7　例6-6运行结果

6.3 基本容器

6.3.1 JFrame

在开发 Java 应用程序时，通常情况下利用 JFrame 类创建窗体。利用 JFrame 类创建的窗体分别包含标题、最小化按钮、最大化按钮和关闭按钮。

JFrame 类提供了一系列用来设置窗体的方法，如通过 setTitle（String title）方法，可以设置窗体的标题；通过 setResizable（boolean resizable）方法可以设置此窗体是否可由用户调整大小。

例 6-7　代码及运行结果如图 6-8 所示。

```java
package chap06;
import java.awt.*;
import javax.swing.*;
public class JFrameDemo {
    public static void main(String[] args) {
        JFrame jf = new JFrame("这是我的第一个swing窗体");
        //Dimension 封装单个对象中组件的宽度和高度（精确到整数）
        Dimension d = new Dimension(300, 200);
        jf.setSize(d);
        //Point 表示 (x,y) 坐标空间中的位置的点,以整数精度指定
        Point p = new Point(500, 400);
```

```
        jf.setLocation(p);
        jf.setVisible(true);
        jf.setResizable(false);
    }
}
```

图6-8　例6-7运行结果

6.3.2　JPanel

JPanel 位于 javax.swing 包中，是面板容器，可以加入到 JFrame 中，它自身是个容器，可以把其他组件加入到 JPanel 中，如 JButton、JTextArea、JTextField 等，也可以在它上面绘图。

例 6-8　代码及运行结果如图 6-9 所示。

```java
package chap06;
import java.awt.*;
import javax.swing.*;
public class JPanelDemo01 {
    public static void main(String[] args) {
        JFrame frame = new JFrame("Welcome to stone's home");
        JPanel panel = new JPanel();
        panel.add(new JLabel("标签-1"));
        panel.add(new JLabel("标签-2"));
        panel.add(new JLabel("标签-3"));
        panel.add(new JButton("按钮-X"));
        panel.add(new JButton("按钮-Y"));
        panel.add(new JButton("按钮-Z"));
        frame.add(panel);
        frame.pack();
        frame.setLocation(300, 200);
        frame.setVisible(true);
    }
}
```

图6-9　例6-8运行结果

JFrame 与 JPanel 的区别如下。

（1）JFrame 可以独立存在，可被移动，可被最大化和最小化，有标题栏、边框，可添加菜单栏，默认布局是 BorderLayout。

（2）JPanel 不能独立运行，必须包含在另一个容器里。JPanel 没有标题，没有边框，不可添加菜单栏，默认布局是 FlowLayout。

（3）一个 JFrame 可以包含多个 JPanel，一个 JPanel 可以包含另一个 JPanel，但是 JPanel 不能包含 JFrame。

6.4 基本组件

6.4.1 标签组件 JLabel

1. 定义标签对象

在图形用户界面上显示文本命令或信息的一种方式是使用标签。标签（JLabel）可以在图形用户界面上显示一个字符串或一幅图。在标签上可以显示一行静态文本信息，这里的静态是指用户不能修改这些文本。标签使用 JLabel 类创建，而 JLabel 类是 JComponent 类直接派生的。标签对象通过构造方法来创建。

例 6-9　代码及运行结果如图 6-10 所示。

```
package chap06;
import java.awt.*;
import javax.swing.*;
public class JLabelDemo {
    public static void main(String[] args) {
        JFrame jf = new JFrame("这是我的第一个swing窗体");
        JLabel lab = new JLabel("KENDE", JLabel.CENTER);
        jf.add(lab);//将Label组件添加到JFrame面板中
        Dimension d = new Dimension(300, 200);
        jf.setSize(d);
        Point p = new Point(500, 400);
        jf.setLocation(p);
        jf.setVisible(true);
    }
}
```

图6-10　例6-9运行结果

2. 定义标签字体 Font

标签可以设置字体，包括字体名称、字体的颜色、大小、是否斜体等，可借助于 Font 类来实现。Font 类表示字体，可以使用它以可见方式呈现文本。例如：

```
Font font = new Font("Dialog", Font.ITALIC + Font.BOLD, 30);
```

根据指定名称、样式和磅值大小，创建一个新 font。

例 6-10　代码及运行结果如图 6-11 所示。

```java
package chap06;
import java.awt.*;
import javax.swing.*;

public class JLabelDemo2 {
    public static void main(String[] args) {
        JFrame jf = new JFrame("这是我的第一个swing窗体");
        JLabel lab = new JLabel("KENDE", JLabel.CENTER);
        Font font = new Font("Dialog", Font.ITALIC + Font.BOLD, 30);
        lab.setFont(font);
        jf.add(lab);//将组件添加到面板中
        Dimension d = new Dimension(300, 200);
        jf.setSize(d);
        Point p = new Point(500, 400);
        jf.setLocation(p);
        jf.setVisible(true);
    }
}
```

图6-11　例6-10运行结果

3. 标签中设置添加图片 ImageIcon

标签中设置添加图片可以借助于 Icon，Icon 是图片接口，ImageIcon 是一个 Icon 接口的实现，它根据 Image 绘制 Icon。例如：

```
Icon icon = new ImageIcon("E:\\picBackGroud\\动物王国.jpg");
JLabel lab = new JLabel("KENDE", icon, JLabel.CENTER);
```

例 6-11　代码及运行结果如图 6-12 所示。

```java
package chap06;
import java.awt.*;
```

```
import javax.swing.*;
public class JLabelDemo3 {
    public static void main(String[] args) {
        JFrame jf = new JFrame("这是我的第一个swing窗体");
        Icon icon = new ImageIcon("E:\\picBackGroud\\动物王国.jpg");
        JLabel lab = new JLabel("KENDE", icon, JLabel.CENTER);
        Font font = new Font("Serif", Font.ITALIC + Font.BOLD, 30);
        lab.setFont(font);
        jf.add(lab);// 将组件添加到面板中
        Dimension d = new Dimension(300, 200);
        jf.setSize(d);
        Point p = new Point(500, 400);
        jf.setLocation(p);
        jf.setVisible(true);
    }
}
```

图6-12 例6-11运行结果

6.4.2 按钮组件 JButton

JButton 组件是最简单的按钮组件，只是在按下和释放两个状态之间进行切换，可以通过捕获按下并释放的动作执行一些操作，从而完成和用户的交互。JButton 类提供了一系列用来设置按钮的方法。

例6-12 代码及运行结果如图6-13所示。

```
package chap06;
import java.awt.*;
import javax.swing.*;
public class JButtonDemo01 {
    public static void main(String[] args) {
        JFrame frame = new JFrame("Welcome to Kende's home! ");
        JButton bt = new JButton("按钮");
        frame.add(bt);
        frame.setSize(300,200);
        frame.setLocation(400, 300);
        frame.setVisible(true);
    }
}
```

图6-13　例6-12运行结果

例6-13　代码及运行结果如图6-14所示。

```java
package chap06;
import java.awt.*;
import javax.swing.*;
public class JButtonDemo02 {
    public static void main(String[] args) {
        JFrame frame = new JFrame("Welcome to Kende's home! ");
        String picPath = "E:\\picBackGroud\\a.jpg";
        Icon icon = new ImageIcon(picPath);
        JButton bt = new JButton(icon);
        frame.add(bt);
        frame.setSize(800,500);
        frame.setLocation(400, 300);
        frame.setVisible(true);
    }
}
```

图6-14　例6-13运行结果

6.4.3　文本组件

文本编辑框常用于数据的输入，主要有单行文本编辑框 JTextField、密码式文本编辑框 JPasswordField 和多行文本区编辑框 JTextArea。这 3 个类的很多方法是从 JTextComponent

继承的。

1. JTextField

JTextField 是一个轻量级组件，用来接受用户输入的单行文本信息。如果需要为文本框设置默认文本，可以通过构造函数 JTextField（String text）创建文本框对象。例如：

```
//一个空内容的 JTextField 对象：
JTextField jtf = new JTextField("你好吗？");
//从 JTextField 对象中获得用户输入的文本信息
jtf.getText();
//设置文本的水平对齐方式
jtf.setHorizontalAlignment(JTextField.CENTER);
```

效果如图 6-15 所示。

2. JPasswordField

JPasswordField 是一个轻量级组件，实现一个密码框，用来接受用户输入的单行文本信息，在密码框中并不显示用户输入的真实信息，而是通过显示一个指定的回显字符作为占位符。新创建密码框的默认回显字符为"*"，可以通过 setEchoChar（char c）方法修改回显字符。例如：

```
JPasswordField jtf = new JPasswordField(10);
```

效果如图 6-16 所示。

图6-15　JTextField示例　　　　　　　　图6-16　JPasswordField示例

3. JTextArea

JTextArea 组件实现一个文本域，文本域可以接受用户输入的多行文本。在创建文本域时，可以通过 setLineWrap（boolean wrap）方法设置文本是否自动换行，默认为 false，即不自动换行，如果改为自动换行，需要设置 wrap 参数为 true。例如：

```
JTextArea  jtf = new JTextArea(10,20);
jtf.setLineWrap(true);
```

效果如图 6-17 所示。

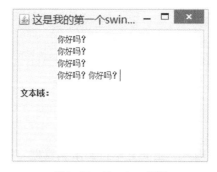

图6-17　JTextArea示例

6.4.4 菜单组件

菜单是为软件系统提供一种分类和管理软件命令的形式和手段。菜单由菜单栏（JMenuBar）、下拉菜单（JMenu）和菜单项（JMenuItem）组成。

1. 菜单栏

要添加菜单，需要首先创建一个菜单栏对象（JMenubar），再创建菜单对象（JMenu）放入菜单栏中，然后向菜单里增加选项（JMenuItem）。

2. 下拉菜单

JMenu 类用来实现下拉菜单。下拉菜单（JMenu）是一个包含菜单项（JMenuItem）的弹出窗口，用户选择菜单栏（JMenuBar）上的选项时会显示该菜单项（JMenuItem）。

3. 菜单项

JMenuItem 用来实现菜单中的选项。菜单项本质上是位于列表中的按钮，当用户选择"按钮"时，将执行与菜单项关联的操作。

例 6-14　代码及运行结果如图 6-18 所示。

```java
package chap06;
import java.awt.*;
import javax.swing.*;
public class TestMenu {
    public static void main(String[] args) {
        JFrame frame = new JFrame("测试 Menu");
        //菜单栏
        JMenuBar menuBar = new JMenuBar();
        //菜单加入到菜单栏
        JMenu fileMenu = new JMenu("文件");
        JMenu editMenu = new JMenu("编辑");
        JMenu helpMenu = new JMenu("帮助");
        menuBar.add(fileMenu);
        menuBar.add(editMenu);
        menuBar.add(helpMenu);
        //将菜单项加入到菜单
        JMenuItem newItem = new JMenuItem("新建");
        JMenuItem openItem = new JMenuItem("打开");
        JMenuItem exitItem = new JMenuItem("退出");
        fileMenu.add(newItem);
        fileMenu.add(openItem);
        fileMenu.add(exitItem);
        JMenuItem copyItem = new JMenuItem("复制");
        JMenuItem cutItem = new JMenuItem("剪切");
        JMenuItem pasteItem = new JMenuItem("粘贴");
        editMenu.add(copyItem);
        editMenu.add(cutItem);
        editMenu.add(pasteItem);
```

```
            JMenuItem helpItem = new JMenuItem("打开帮助文档");
            helpMenu.add(helpItem);
            //frame.add(menuBar,"North");
            frame.setJMenuBar(menuBar);
            frame.setDefaultCloseOperation(JFrame.EXIT_ON_CLOSE);
            frame.setBounds(250, 200, 400, 300);
            frame.setVisible(true);

    }
}
```

图6-18　例6-14运行结果

6.5　GUI 事件处理

6.5.1　事件的概念

1. 事件

事件是指用户在 GUI 组件上进行的操作，如鼠标单击、输入文字、关闭窗口等。在 JDK 中定义了多种事件类，用以描述 GUI 程序中可能发生的各种事件。

2. 事件源（Event Source）

能够产生事件的 GUI 组件对象，如按钮、文本框等。

3. 事件对象（Event Object）

事件源发起的动作对象，如 ActionEvent、ItemEvent。

4. 事件监听器（Event Listener）

系统在接收到事件类对象后，立即将其发送给专门的事件处理对象（监听器），该对象调用其事件处理方法，处理先前的事件类对象，进而实现预期的事件处理逻辑。

5. 事件适配器

为简化程序员的编程负担，JDK 中针对大多数事件监听器接口提供了相应的实现类（事件适配器 Adapter），在适配器中，实现了相应监听器接口的所有方法，但不做任何处理，只是添加了一个空的方法体。程序员在定义监听器类时就可以不再直接实现监听接口，而是继承事件适配器类，只重写所需要的方法即可。

使用适配器类的优点：不用实现监听器接口中所有的抽象方法，需要哪个方法，重写哪个方法即可，使开发者得以解脱。但需注意，适配器类并不能完全取代相应的监听器接口，由于 Java 单继承机制的限制，如果要定义的监听器类需要同时处理两种以上的 GUI 事件，则只能直接实现有关的监听器接口，而无法只通过继承适配器实现。

6. 多重监听

由于事件源可以产生多种不同类型的事件，因而可以注册多种不同类型的监听器，但是当事件源发生了某种类型的事件时，只触发事先已就该种事件类型注册过的监听器。

6.5.2 Java 事件处理流程

Java 事件处理流程是事件源首先要授权事件监听器负责该事件源上事件的处理；用户的动作在事件源上可能产生多种事件对象，由于有了授权过程，不同的事件监听器会分别对不同的事件对象进行处理。事件处理流程图如图 6-19 所示。

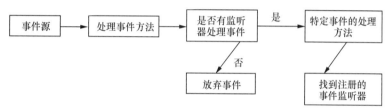

图6-19　Java事件处理流程图

以窗口事件为例，在此之前的事件是无效的，窗体关闭也是无效的，如果现在要变得有效，必须加入事件处理机制。

1. 编写一个监听器，实现某个事件的接口

```
class MyWindowEventHandle implements WindowListener{}
```

2. 实现该事件的处理方法

```
class MyWindowEventHandle implements WindowListener{
    public void windowActivated(WindowEvent e){
        System.out.println("windowActivated --> 窗口被选中") ;
    }
    public void windowClosed(WindowEvent e){
        System.out.println("windowClosed --> 窗口被关闭") ;
    }
    public void windowClosing(WindowEvent e){
        System.out.println("windowClosing --> 窗口关闭") ;
        System.exit(1) ;
    }
    public void windowDeactivated(WindowEvent e){
        System.out.println("windowDeactivated --> 取消窗口选中") ;
    }
    public void windowDeiconified(WindowEvent e){
```

```
            System.out.println("windowDeiconified --> 窗口从最小化恢复");
        }
        public void windowIconified(WindowEvent e){
            System.out.println("windowIconified --> 窗口最小化");
        }
        public void windowOpened(WindowEvent e){
            System.out.println("windowOpened --> 窗口被打开");
        }
    }
```

3. 为可能触发该事件的组件添加监听器

```
JFrame frame = new JFrame("Welcome To kende's home");
frame.addWindowListener(new MyWindowEventHandle());    // 加入事件
frame.setSize(300,150);
frame.setBackground(Color.WHITE);
frame.setLocation(300,200);
frame.setVisible(true);
```

4. 适配器实现

 注意

以上程序虽然实现了窗口关闭，但是没有必要实现那么多的方法，要如何做呢，其实只需要在事件中提供很多的适配器即可。

编写自定义适配器，继承对于事件的适配器，只需要改写需要监听的事件方法即可。

```
class MyWindowEventHandle2 extends WindowAdapter{
    public void windowClosing(WindowEvent e){
        System.out.println("windowClosing --> 窗口关闭");
        System.exit(1);
    }
}
frame.addWindowListener(new MyWindowEventHandle2());    // 加入事件
```

5. 内部类实现

现在只要求实现关闭方法，资源太浪费了，可以使用匿名内部类的做法减少代码量。

例 6-15 代码及运行结果如图 6-20 所示。

```
package chap06;
import java.awt.*;
import javax.swing.*;
import java.awt.event.*;
public class MyEventWindowEventJFrame03{
    public static void main(String args[]){
        JFrame frame = new JFrame("Welcome To kende's home");
        frame.addWindowListener(new WindowAdapter(){
```

```
        public void windowClosing(WindowEvent e){
            System.out.println("windowClosing --> 窗口关闭");
            System.exit(1);
        }
    });    // 加入事件
    frame.setSize(300,150);
    frame.setBackground(Color.WHITE);
    frame.setLocation(300,200);
    frame.setVisible(true);
    }
}
```

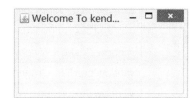

图6-20　例6-15运行结果

6.5.3　常见事件

常见事件类一般包含在 java.awt.event 包中。它们的层次结构如图 6-21 所示。表 6-1 中列出了事件类、对应的事件监听器接口以及对应的方法和含义。

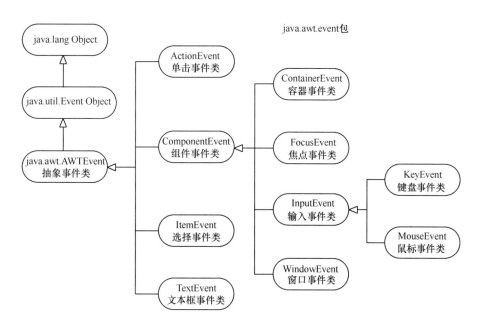

图6-21　Java事件类层次图

表 6-1 事件类、监听器、方法和用户操作

事件类	事件对应监听器接口	接口中的方法	用户操作
ComponetEvent	ComponentListener 组件事件监听器接口	componentMoved（ComponetEvent e）	移去组件
		componentHidden（ComponetEvent e）	隐藏组件
		componentResized（ComponetEvent e）	改变大小
		componentShown（ComponetEvent e）	显示组件
ContainerEvent	ContainerListener 容器事件监听器接口	ComponentAdded（ContainerEvent e）	添加组件
		ComponentRemoved（ContainerEvent e）	移动组件
WindowEvent	WindowListener 窗口事件监听器接口	windowOpened（WindowEvent e）	打开窗口
		windowActivated（WindowEvent e）	激活窗口
		windowDeactivated（WindowEvent e）	失去焦点
		windowClosing（WindowEvent e）	关闭窗口时
		windowClosed（WindowEvent e）	关闭窗口后
		windowIconified（WindowEvent e）	最小化
		WindowDeiconified（WindowEvent e）	还原
ActionEvent	ActionListener 单击事件监听器接口	actionPerformed（ActionEvent e）	单击并执行
TextEvent	TextListener 文本编辑事件监听器接口	textValueChanged（TextEvent e）	修改文本行文本区域中内容
ItemEvent	ItemListener 选择事件监听器接口	itemStateChanged（ItemEvent e）	改变选项的状态
MouseEvent	MouseMotionListener 鼠标移动事件监听器接口	mouseDragged（MouseEvent e）	鼠标拖动
		mouseMoved（MouseEvent e）	鼠标移动
MouseEvent	MouseListener 鼠标事件监听器接口	mouseClicked（MouseEvent e）	单击鼠标
		mouseEntered（MouseEvent e）	鼠标进入
		mouseExited（MouseEvent e）	鼠标离开
		mousePressed（MouseEvent e）	按下鼠标
		mouseReleased（MouseEvent e）	松开鼠标
KeyEvent	KeyListener 键盘事件监听器接口	keyPressed（KeyEvent e）	按下键盘
		KeyReleased（KeyEvent e）	松开键盘
		keyTyped（KeyEvent e）	输入字符
FocusEvent	FocusListener 焦点事件监听器接口	focusGained（FocusEvent e）	获取焦点
		focusLost（FoucesEvent e）	失去焦点
AdjistmentEvent	AdjustmentListener 调整事件监听器接口	adjustmentValueChanged（AdjustmentEvent e）	调整滚动条的值

1. ActionEvent

动作事件由 ActionEvent 类定义，最常用的是单击按钮后将产生动作事件，可以通过实现 ActionListener 接口处理相应的动作事件。

例 6-16 代码及运行结果如图 6-22 所示。

```java
package chap06;
import java.awt.*;
import javax.swing.*;
import java.awt.event.*;
public class ActionEventTest implements ActionListener{
    private JButton jbn;
    private JCheckBox jcBox;
    private JCheckBox jcAll;
    public ActionEventTest(){
        init();
    }
    public void init(){
        jbn = new JButton("ok");
        JTextField jtf = new JTextField();
        jtf.setPreferredSize(new Dimension(150,20));
        JComboBox jcb = new JComboBox();
        jcb.addItem("广州市");
        jcb.addItem("深圳市");
        jcBox = new JCheckBox("打羽毛球");
        jcAll = new JCheckBox("全选");
        JFrame frame = new JFrame("测试ActionEvent事件");
        frame.setLayout(new FlowLayout(FlowLayout.LEFT));
        frame.add(jbn);
        frame.add(jtf);
        frame.add(jcb);
        frame.add(jcBox);
        frame.add(jcAll);
        jbn.addActionListener(this);
        jtf.addActionListener(this);
        jcb.addActionListener(this);
        jcAll.addActionListener(this);
        frame.pack();
        frame.setVisible(true);
    }
    public static void main(String[] args) {
        new ActionEventTest();
    }
    public void actionPerformed(ActionEvent e) {
        Object obj = e.getSource();
        if(obj==jbn){
            String s = e.getActionCommand();
            System.out.println(s+"按钮被选中了...");
        }
```

```java
        if(obj instanceof JTextField){
            JTextField jtf = (JTextField)obj;
            System.out.println(jtf.getText()+":文本框被选中了...");
        }
        if(obj instanceof JComboBox){
            JComboBox jcb = (JComboBox)obj;
            Object o = jcb.getSelectedItem();
            System.out.println(o+":下拉列表被选中了..");
        }
        if(obj instanceof JCheckBox){
            JCheckBox jcb = (JCheckBox)obj;
            jcBox.setSelected(jcb.isSelected());
            if(jcb.isSelected()){
                String s = jcb.getActionCommand();
                System.out.println(s+"复选框被选中了...");
            }
        }
    }
}
```

图6-22 例6-16运行结果

2. ItemEvent

改变选项状态事件由 ItemEvent 类定义，最常用的是当用鼠标左键单击复选框、单选按钮或组合框选项引起选择状态发生变化时，可触发选项事件，可以通过实现 ItemListener 接口处理相应的动作事件。

例 6-17　代码及运行结果如图 6-23 所示。

```java
package chap06;
import javax.swing.*;
import java.awt.*;
import java.awt.event.*;
 class RadioListener implements ItemListener{
        public void itemStateChanged(ItemEvent e) {
            Object obj = e.getSource();
            if(obj instanceof JRadioButton){
                JRadioButton radio = (JRadioButton)obj;
                if(radio.isSelected())
                System.out.println(radio.getText()+"被选中。。。");
            }
        }
```

```java
        public   RadioListener()
            {
                init();
            }
public void init(){
    JRadioButton radio1 = new JRadioButton("是");
    JRadioButton radio2 = new JRadioButton("不是");
    ButtonGroup bg = new ButtonGroup();
    bg.add(radio1);
    bg.add(radio2);
    JFrame frame=new JFrame();
    frame.setLayout(new FlowLayout());
    frame.add(radio1);
    frame.add(radio2);
    radio1.addItemListener(this);
    radio2.addItemListener(this);
    frame.setLocation(300,400);
    frame.pack();
    frame.setVisible(true);
}
public static void main(String[] args) {
    new RadioListener();
 }
 }
```

图6-23 例6-17运行结果

3. MouseEvent

鼠标事件由 MouseEvent 类捕获，所有的组件都能产生鼠标事件。鼠标事件处理常用到的监听器有两种：鼠标事件监听器（MouseListener）和鼠标移动事件监听器（MouseMotionListener）。同时提供了对应的两种适配器类（MouseAdapter 和 MouseMotionAdapter）来简化事件处理代码。

例6-18 代码及运行结果如图 6-24 所示。

```java
package chap06;
import java.awt.*;
import javax.swing.*;
```

```java
import java.awt.event.*;
public class MouseEventTest extends JFrame implements MouseListener,MouseMotionListener
{
    private JLabel text = new JLabel("welcome to togogo");
    public void init(){
        text.setForeground(Color.BLACK);
        this.add(text,"South");
        this.addMouseListener(this);
        this.addMouseMotionListener(this);
        //为text增加鼠标事件
        text.addMouseListener(this);
        this.setSize(300,200);
        this.setTitle("测试鼠标事件");
        this.setVisible(true);
    }
    public void mouseClicked(MouseEvent e) {
        System.out.println("mouseClicked...");
    }
    public void mouseEntered(MouseEvent e) {
        System.out.println("mouseEntered...");
        Object obj = e.getSource();
        if(obj instanceof JLabel){
            JLabel jl = (JLabel)obj;
            jl.setForeground(Color.RED);
        }
    }
    public void mouseExited(MouseEvent e) {
        System.out.println("mouseExited...");
        Object obj = e.getSource();
        if(obj instanceof JLabel){
            JLabel jl = (JLabel)obj;
            jl.setForeground(Color.BLACK);
        }
    }
    public void mousePressed(MouseEvent e) {
        System.out.println("mousePressed...");
    }
    public void mouseReleased(MouseEvent e) {
        System.out.println("mouseReleased...");
    }
    public void mouseDragged(MouseEvent e) {
        System.out.println("mouseDragged...");
```

```
    }
    public void mouseMoved(MouseEvent e) {
        System.out.println("mouseMoved...");
    }
    public static void main(String[] args) {
        new MouseEventTest().init();
    }
}
```

图6-24　例6-18运行结果

4. KeyEvent

键盘事件由 KeyEvent 类捕获，最常用的是当向文本框输入内容时发生键盘事件，可以通过实现 KeyListener 接口处理相应的键盘事件，同时提供了对应的适配器类 KeyAdapter 来简化事件处理代码。

例 6-19　代码及运行结果如图 6-25 所示。

```
package chap06;
import java.awt.*;
import javax.swing.*;
import java.awt.event.*;
public class KeyEventTest extends JFrame implements KeyListener {
    public void init(){
        JButton jbn = new JButton("OK");
        JTextField jtf = new JTextField();
        jtf.setPreferredSize(new Dimension(200,25));
        jbn.addKeyListener(this);
        jtf.addKeyListener(this);
        this.setLayout(new FlowLayout());
        this.add(jbn);
        this.add(jtf);
        this.setSize(300,200);
        this.setTitle("测试键盘事件");
        this.setVisible(true);
        this.setDefaultCloseOperation(JFrame.EXIT_ON_CLOSE);
    }
```

```java
    public void keyPressed(KeyEvent e) {
        Object obj = e.getSource();
        if(obj instanceof JButton){
            System.out.println("你在按钮上按下的是:"+e.getKeyChar());
        }
        if(obj instanceof JTextField){
            System.out.println("你在文本框按下的是:"+e.getKeyChar());
        }
    }
    public void keyReleased(KeyEvent e) {
        System.out.println("keyReleased...");
    }
    public void keyTyped(KeyEvent e) {
        System.out.println("keyTyped...");
    }
    public static void main(String[] args) {
        new KeyEventTest().init();
    }
}
```

图6-25 例6-19运行结果

5. FocusEvent

焦点事件由 FocusEvent 类捕获，所有的组件都能产生焦点事件，可以通过实现 FocusListener 接口处理相应的动作事件。同时提供了对应的适配器类 FocusAdapter 来简化事件处理代码。

例 6-20 代码及运行结果如图 6-26 所示。

```java
package chap06;
import java.awt.FlowLayout;
import java.awt.event.FocusEvent;
import java.awt.event.FocusListener;
import javax.swing.JButton;
import javax.swing.JFrame;
import javax.swing.JLabel;
import javax.swing.JTextField;
public class FocusEvent_Example extends JFrame { // 继承窗体类 JFrame
```

```java
    private JTextField textField;
    public static void main(String args[]) {
        FocusEvent_Example frame = new FocusEvent_Example();
        frame.setVisible(true);
    }
    public FocusEvent_Example() {
        super();
        setTitle("焦点事件示例");
        setBounds(100, 100, 500, 375);
        getContentPane().setLayout(new FlowLayout());
        setDefaultCloseOperation(JFrame.EXIT_ON_CLOSE);
        final JLabel label = new JLabel();
        label.setText("出生日期: ");
        getContentPane().add(label);
        textField = new JTextField();
        textField.setColumns(10);
        textField.addFocusListener(new TextFieldFocus());  // 为文本框添加焦点监听器
        getContentPane().add(textField);
        final JButton button = new JButton();
        button.setText("确定");
        getContentPane().add(button);
    }
    class TextFieldFocus implements FocusListener {
        public void focusGained(FocusEvent e) {
            textField.setText("");
        }
        public void focusLost(FocusEvent e) {
            textField.setText("2008-8-8");
        }
    }
}
```

图6-26 例6-20运行结果

习题六

一、选择题

1. 容器被重新设置大小后，以下（　　）布局管理器的容器中的组件大小不随容器大小的变化而改变。
   A. CardLayout   B. FlowLayout
   C. BorderLayout   D. GridLayout

2. 如果希望所有的控件在界面上均匀排列，应使用下列（　　）布局管理器。
   A. BoxLayout   B. GridLayout
   C. BorderLayout   D. FlowLayout

3. 能处理鼠标拖动和移动两种事件的接口是（　　）。
   A. ActionListener   B. ItemListener
   C. MouseListener   D. MouseMotionListener

4. 包含当事件发生时从源传递给监视器的特定事件信息的对象是（　　）。
   A. 事件对象   B. 源对象
   C. 监视器对象   D. 接口

5. 在 Java 中，设置字形应使用图形的（　　）方法。
   A. setfont（Font font）
   B. setFont（Font font）
   C. Font（String fontname, int style, int size）
   D. font（String fontname, int style, int size）

6. 布局管理器使容器中各个构件呈网格布局，平均占据容器空间的是（　　）。
   A. FlowLayout   B. BorderLayout
   C. GridLayout   D. CardLayout

7. 框架（Frame）的缺省布局管理器就是（　　）。
   A. 流布局（Flow Layout）   B. 卡布局（Card Layout）
   C. 边框布局（Border Layout） D. 网格布局（Grid Layout）

8. 在 Java 中，要处理 Button 类对象的事件，以下各项中，哪个是可以处理这个事件的接口？（　　）
   A. FocusListener   B. ComponentListener
   C. WindowListener   D. ActionListener

9. 下列哪种 Java 组件可作为容器组件（　　）。
   A. List 列表框   B. Choice 下拉式列表框
   C. Panel 面板   D. MenuItem 命令式菜单项

10. 如果容器组件 p 的布局是 BorderLayout，则在 p 的下边中添加一个按钮 b，应该使用的语句是（　　）。
    A. p.add(b);   B. p.add(b, "North");
    C. p.add(b, "South");   D. b.add(p, "North");

二、填空题

1. 文本行组件_____是单行的文本组件，要输入或显示多行的文本应当使用_____组件。

2. 在 Java 程序中，设置文本区对象 textA 能自动换行的方法是_____。

3. 传递给实现了 java.awt.event.MouseMotionListener 接口的类中 mouseDragged()方法的事件对象是_____。

4. 可以使用_____、_____或_____中的任何一种方法设定组件的大小或位置。

5. 当在一个容器中放入多个选择框之前，可以先用_____对象将多个选择框分组，使得同一时刻组内的多个选择框只允许有一个被选中。

三、简答题

1. 请描述 AWT 事件模型。

2. 什么是 AWT、SWING，两者有什么区别？

3. 什么是事件适配器？

第 7 章
IO 流与文件

【本章导读】

本章主要介绍 Java 输入/输出操作的基本概念和应用。主要包括流的基本概念，应用字节流实现输入/输出，应用字符流实现输入/输出，利用 File 类进行文件和目录操作，应用 RandomAccessFile 类实现随机文件读写操作，标准输入输出以及对象的序列化等。

【学习目标】
- 了解 Java 输入/输出的基本概念
- 掌握 File 类的应用方法
- 掌握字节流、字符流类的应用方法
- 了解对象序列化
- 能应用 Java I/O 类实现文件读写操作
- 掌握 RandomAccessFile 类的应用方法

7.1 IO 流入门

7.1.1 IO 流的概念

输入/输出处理是程序设计中非常重要的环节，如从键盘输入数据，从文件中读取数据或向文件中写数据等。Java 把所有的输入/输出以流的形式进行处理，这里的流是指连续的、单向的数据传输的一种抽象。即由源到目的地通信路径传输的一串字节。发送数据流的过程称为写，接受数据流的过程称为读。当程序需要读取数据的时候，就会开启一个通向数据源的流。当程序需要写入数据的时候，就会开启一个通向目的地的流。

Java 中定义了字节流和字符流以及其他的流类来实现输入/输出处理。

1．字节流

从 InputStream 和 OutputStream 类派生出来的一系列类称为字节流类，这类流以字节（byte）为基本处理单位。

2．字符流

从 Reader 和 Writer 类派生出的一系列类称为字符流类，这类流以 16 位的 Unicode 编码表示的字符为基本处理单位。

7.1.2 IO 流类的层次结构

（1）字节输入流层次结构如图 7-1 所示。

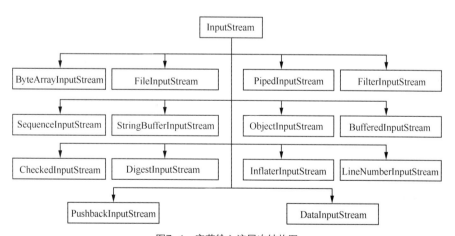

图7-1　字节输入流层次结构图

（2）字节输出流层次结构如图 7-2 所示。
（3）字符输入流层次结构如图 7-3 所示。
（4）字符输出流层次结构如图 7-4 所示。

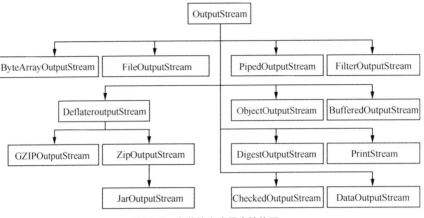

图7-2 字节输出流层次结构图

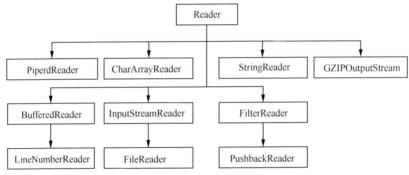

图7-3 字符输入流层次图

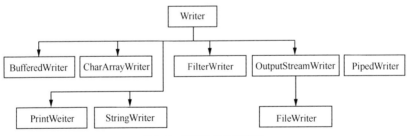

图7-4 字符输出流层次图

7.2 File 类

File 类是一个与流无关的类。File 类提供了一种与机器无关的方式来描述一个文件对象的属性，每个 File 类对象表示一个磁盘文件或目录，其对象属性包含了文件或目录的相关信息，如名称、长度和文件个数等，调用 File 类的方法可以完成对文件或目录的管理操作（如创建和删除等）。File 类仅描述文件本身的属性，不具有从文件读取信息或向文件存储信息的能力。

创建一个 File 对象的常用构造方法有 3 种。

- File（File parent，String child）：根据 parent 抽象路径名和 child 路径名字符串创建一个

新 File 实例。
- File（String pathname）：通过将给定路径名字符串转换为抽象路径名来创建一个新 File 实例。
- File（String parent，String child）：根据 parent 路径名字符串和 child 路径名字符串创建一个新 File 实例。

File 类包含了文件和文件夹的多种属性和操作方法，常用的方法如下。
- getName()：获取文件的名字。
- getParent()：获取文件的父路径字符串。
- getPath()：获取文件的相对路径字符串。
- getAbsolutePath()：获取文件的绝对路径字符串。
- exists()：判断文件或文件夹是否存在。
- canRead()：判断文件是否可读的。
- isFile()：判断文件是否是一个正常的文件，而不是目录。
- canWrite()：判断文件是否可被写入。
- idDirectory()：判断是不是文件夹类型。
- isAbsolute()：判断是不是绝对路径。
- isHidden()：判断文件是否是隐藏文件。
- delete()：删除文件或文件夹，如果删除成功返回结果为 true。
- mkdir()：创建文件夹，如果创建成功返回结果为 true。
- mkdirs()：创建路径中包含的所有父文件夹和子文件夹，如果所有父文件夹和子文件夹都成功创建，返回结果为 true。
- createNewFile()：创建一个新文件。
- length()：获取文件的长度。
- lastModified()：获取文件的最后修改日期。

例 7-1 代码及运行结果如图 7-5 所示。

```java
package chap07;
import java.io.File;
public class Example7_1{
    public static void main(String[] args) {
        File file = new File("C:\\","Example7-1.txt");    // 创建文件对象
        System.out.println("文件名称:"+file.getName());    // 输出文件属性
        System.out.println("文件是否存在："+file.exists());
        System.out.println("文件的相对路径："+file.getPath());
        System.out.println("文件的绝对路径："+file.getAbsolutePath());
        System.out.println("文件可以读取："+file.canRead());
        System.out.println("文件可以写入："+file.canWrite());
        System.out.println("文件大小："+file.length()+"B");
    }
}
```

图7-5 例7-1运行结果

7.3 字节流

7.3.1 字节输入流父类（InputStream）

InputStream 类是字节输入流的抽象类，它是所有字节输入流的父类，其各种子类实现了不同的数据输入流。

它定义了操作输入流的各种方法，常用方法如下。
- available()：返回当前输入流的数据读取方法可以读取的有效字节数量。
- read（byte[] bytes）：从输入数据流中读取字节并存入数组 b 中。
- read（byte[] bytes, int off, int len）：从输入数据流读取 len 个字节，并存入数组 bytes 中。
- reset()：将当前输入流重新定位到最后一次调用 mark()方法时的位置。
- mark（int readlimit）：在输入数据流中加入标记。
- markSupported()：测试输入流中是否支持标记。
- close()：关闭当前输入流，并释放任何与之关联的系统资源。
- read()：从当前数据流中读取一个字节。若已到达流结尾，则返回-1。

7.3.2 字节输出流父类（OutputStream）

OutputStream 类是字节输出流的抽象类，它是所有字节输出流的父类，其子类实现了不同数据的输出流。

它定义了输出流的各种操作方法，常用的方法如下。
- close()：关闭此输出流并释放与此流有关的所有系统资源。
- flush()：刷新此输出流并强制写出所有缓冲的输出字节。
- write（byte[] b）：将 b.length 个字节从指定的字节数组写入此输出流。
- write（byte[] b，int off，int len）：将指定字节数组中从偏移量 off 开始的 len 个字节写入此输出流。
- write（int b）：将指定的字节写入此输出流。

7.3.3 FileInputStream 类与 FileOutputStream 类

FileInputStream 和 FileOutputStream 分别是抽象类 InputStream 和 OutputStream 类的子

类。FileInputStream 兼容抽象类 InputStream 的所有成员方法，它实现了文件的读取，是文件字节输入流，该类适用于比较简单的文件读取。FileOutputStream 兼容抽象类 OutputStream 的所有成员方法，它实现了文件的写入，能够以字节形式写入文件中。

例 7-2 代码及运行结果如图 7-6 所示。

```java
package chap07;
import java.io.*;
public class Example7_2 {
    public static void main(String args[]){
        File f=new File("C:\\","Example7_2.txt");
        try {
            byte bytes[]=new byte[512];
            FileInputStream fis=new FileInputStream(f);  //创建文件字节输入流
            int rs=0;
            System.out.println("The content of Example7_2 is:");
            while((rs=fis.read(bytes, 0, 512))>0){
                //在循环中读取输入流的数据
                String s=new String(bytes,0,rs);
                System.out.println(s);
            }
            fis.close();                                  //关闭输入流
        } catch (IOException e) {
            e.printStackTrace();
        }
    }
}
```

```
<已终止> Example7_2 [Java 应用程序] C:\Program Files\Java\jre7\bin\javaw.exe（2014年11月18日 下午11:51:03）
The content of Example7_2 is:
Example7_2中的数据
```

图 7-6 例 7-2 运行结果

例 7-3 代码及运行结果如图 7-7 和图 7-8 所示。

```java
package chap07;
import java.io.*;
public class Example7_3 {
    public static void main(String args[]) {
        int b;
        File file=new File("C:\\","Example7_3.txt");
        byte bytes[]=new byte[512];
```

```
        System.out.println("请输入你想存入文本的内容:");
        try {
            if (!file.exists())                    // 判断文件是否存在
                file.createNewFile();
            //把从键盘输入的字符存入bytes里
            b=System.in.read(bytes);
            //创建文件输出流
            FileOutputStream fos=new FileOutputStream(file,true);
            fos.write(bytes, 0, b);                //把bytes写入到指定文件中
            fos.close();                           // 关闭输出流
        } catch (IOException e) {
            e.printStackTrace();
        }
    }
}
```

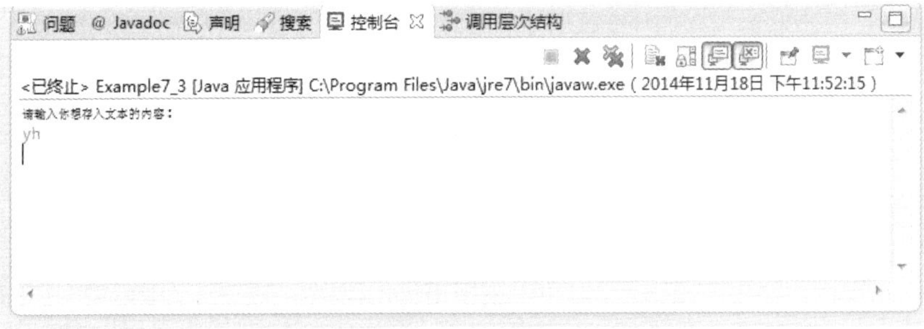

图7-7 例7-3运行结果

图7-8 例7-3文件Example7_3.txt的结果

7.3.4 DataInputStream 类与 DataOutputStream 类

数据字节输入流 DataInputStream 类和数据字节输出流 DataOutputStream 类提供直接读或写基本数据类型数据的方法,在读或写某种基本数据类型时,不必关心它的实际长度是多少字节。

例 7-4 代码及运行结果如图 7-9 和图 7-10 所示。

```
package chap07;
import java.io.FileInputStream;
import java.io.FileOutputStream;
import java.io.DataInputStream;
```

```java
import java.io.DataOutputStream;
public class Example7_4{
    public Example7_4(){
        try{
            FileOutputStream fout = new FileOutputStream("C:\\Example7_4.txt");
            DataOutputStream dfout =new DataOutputStream(fout);
            for(int i=0; i<6; i++)
                dfout.writeInt(i);
            dfout.close( );
            FileInputStream fin= new FileInputStream("C:\\Example7_4.txt");
            DataInputStream dfin= new DataInputStream(fin);
            for (int i=0; i<6; i++)
                System.out.print(dfin.readInt() + ",");
            dfin.close( );
        }catch (Exception e){
            System.err.println(e);
            e.printStackTrace( );
        }
    }
    public static void main(String args[]){
        new Example7_4();
    }
}
```

```
<已终止> Example7_4 [Java 应用程序] C:\Program Files\Java\jre7\bin\javaw.exe (2014年11月18日 下午11:55:01)
0,1,2,3,4,5,
```

图7-9　例7-4运行结果

图7-10　例7-4文件Example7_4.txt的结果

7.3.5 BufferedInputStream 类与 BufferedOutputStream 类

类 BufferedInputStream 和类 BufferedOutputStream 是带缓存的输入流和输出流。使用缓存，就是在实例化类 BufferedInputStream 和类 BufferedOutputStream 对象时，会在内存中开辟一个字节数组用来存放数据流中的数据。借助字节数组，在读取或者存储数据时可以以字节数组为单位把数据读入内存或以字节数组为单位把数据写入指定的文件中，从而大大提高数据的读/写效率。

BufferedInputStream 是套在某个其他的 InputStream 外，起着缓存的功能，用来改善里面 InputStream 的性能，它自己不能脱离里面 InputStream 单独存在。所以把 BufferedInputStream 套在 FileInputStream 外可以改善 FileInputStream 的性能。

FileInputStream 与 BufferedInputStream 区别：FileInputStream 是字节流，BufferedInputStream 是字节缓冲流，使用 BufferedInputStream 读取资源比 FileInputStream 读取资源的效率高，BufferedInputStream 的 read 方法能读取尽可能多的字节，而 FileInputStream 对象的 read()方法会出现阻塞。

例 7-5　代码及运行结果如图 7-11 所示。

```java
package chap07;
import java.io.BufferedInputStream;
import java.io.BufferedOutputStream;
import java.io.FileInputStream;
import java.io.FileNotFoundException;
import java.io.FileOutputStream;
import java.io.IOException;
public class Example7_5 {
    public static void testBufferedInputStream(){
        FileInputStream fis = null;
        BufferedInputStream bis = null;
        try {
            fis = new FileInputStream("C:\\Example7_5.txt");
            bis = new BufferedInputStream(fis);
            byte[] buf = new byte[30];
            int len = 0;
            while((len=bis.read(buf))!=-1){
                String s = new String(buf,0,len);
                System.out.print(s);
            }
            fis.close();
            bis.close();
        } catch (FileNotFoundException e) {
            e.printStackTrace();
        }catch(IOException ex){
            ex.printStackTrace();
        }
```

```java
    }
    public static void testBufferedOutputStream(){
        FileOutputStream fos = null;
        BufferedOutputStream bos = null;
        try {
            fos = new FileOutputStream("C:\\Example7_5.txt");
            bos = new BufferedOutputStream(fos);
            String s = "java 是使用最广的开发语言";
            bos.write(s.getBytes());
            bos.flush();
            fos.close();
            bos.close();
        } catch (FileNotFoundException e) {
            e.printStackTrace();
        }catch(IOException ex){
            ex.printStackTrace();
        }
    }
    public static void main(String[] args) {
//      testBufferedOutputStream();
        testBufferedInputStream();
    }
}
```

图7-11 例7-5运行结果

7.3.6 ObjectInputStream 类与 ObjectOutputStream 类

Java 语言提供在字节流中直接读取或者写入一个对象的方法。对象流分为：对象输入流 ObjectInputStream 和对象输出流 ObjectOutputStream。

使用对象输入/输出流实现对象序列化可以直接存取对象。将对象存入一个流称为序列化。而从一个流将对象读出称为反序列化。

序列化需要满足以下条件。

- 要求保存的对象对应的类型必须实现 java.io.Serializable 接口。
- 保存的对象所有属性对应的类型都必须实现 java.io.Serializable 接口。
- 如果某些属性不想序列化到硬盘文件，那么这些属性就可以用 transient 来修饰；用 transient

修饰的属性，在反序列化的时候需要重新构造对象。

- 如果要保存的对象有集合属性，要求该集合属性存放的对象类型也要实现 java.io.Serializable 接口。
- 如果父类没有实现 java.io.Serializable 接口，则不会把父类对象序列化到硬盘文件，反序列化的时候需要重新构造父类对象（要求父类一定要有一个无参的构造方法）。

例 7-6　代码及运行结果如图 7-12 和图 7-13 所示。

```java
package chap07;
import java.io.Serializable;
public class User implements Serializable{
    private String name;
    private String sex;
    private int age;
    public String getName() {
        return name;
    }
    public void setName(String name) {
        this.name = name;
    }
    public String getSex() {
        return sex;
    }
    public void setSex(String sex) {
        this.sex = sex;
    }
    public int getAge() {
        return age;
    }
    public void setAge(int age) {
        this.age = age;
    }
}
```

```java
package chap07;
import java.io.FileInputStream;
import java.io.FileNotFoundException;
import java.io.FileOutputStream;
import java.io.IOException;
import java.io.ObjectInputStream;
import java.io.ObjectOutputStream;
public class Example7_6{
    public static void testObjectInputStream(){
        FileInputStream fis = null;
        ObjectInputStream ois = null;
```

```java
        try {
            fis = new FileInputStream("C:\\Example7_6.txt ");
            ois = new ObjectInputStream(fis);
            User user1 = (User)ois.readObject();
            System.out.println("name:"+user1.getName()+"--sex:"+user1.getSex()+"--age:"+user1.getAge());
            User user2 = (User)ois.readObject();
            System.out.println("name:"+user2.getName()+"--sex:"+user2.getSex()+"--age:"+user2.getAge());
            fis.close();
            ois.close();
        } catch (FileNotFoundException e) {
            e.printStackTrace();
        }catch(IOException ex){
            ex.printStackTrace();
        }catch(ClassNotFoundException ex){
            ex.printStackTrace();
        }
    }
    public static void testObjectOutputStream(){
        FileOutputStream fos = null;
        ObjectOutputStream oos = null;
        try {
            fos = new FileOutputStream("C:\\Example7_6.txt");
            oos = new ObjectOutputStream(fos);
            User user = new User();
            user.setName("Simon");
            user.setSex("男");
            user.setAge(28);
            oos.writeObject(user);
            User user2 = new User();
            user2.setName("Conlin");
            user2.setSex("男");
            user2.setAge(26);
            oos.writeObject(user2);
            oos.flush();
            fos.close();
            oos.close();
        } catch (FileNotFoundException e) {
            e.printStackTrace();
        }catch(IOException ex){
            ex.printStackTrace();
        }
    }
```

```java
    public static void main(String[] args) {
        testObjectInputStream();
        //testObjectOutputStream();
    }
}
```

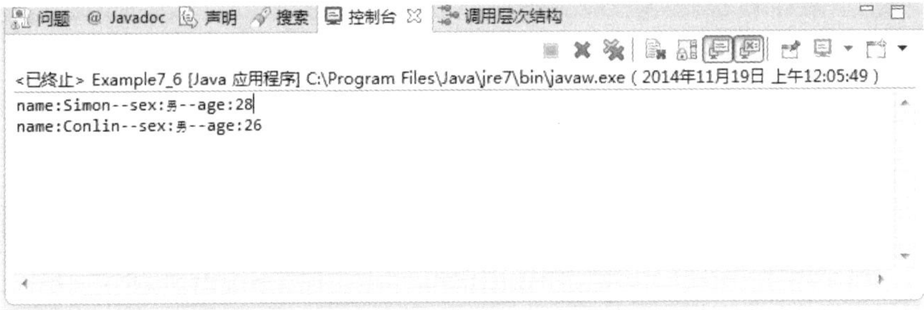

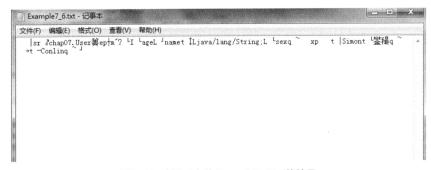

图7-12 例7-6运行结果

图7-13 例7-6文件Example7_6.txt的结果

7.3.7 PrintStream 类

PrintStream 是打印输出流，它可以直接输出各种类型的数据。PrintStream 类常用的方法如下。

- print（String str）：打印字符串。
- print（char[] ch）：打印一个字符数组。
- print（object obj）：打印一个对象。
- println（String str）：打印一个字符串并结束该行。
- println（char[] ch）：打印一个字符数组并结束该行。
- println（object obj）：打印一个对象并结束该行。

例 7-7 代码及运行结果如图 7-14 所示。

```java
package chap07;
import java.io.*;
import java.util.Random;
public class Example7_7 {
    public static void main(String args[]){
        PrintStream ps;
```

```
        try {
            File file=new File("C:\\","Example7_7.txt");
            if (!file.exists())                     // 如果文件不存在
                file.createNewFile();               // 创建新文件
            ps = new PrintStream(new FileOutputStream(file));
            Random r=new Random();
            int rs;
            for(int i=0;i<5;i++){
                rs=r.nextInt(100);
                ps.println(rs+"\t");
            }
            ps.close();
        } catch (Exception e) {
            e.printStackTrace();
        }
    }
}
```

图7-14 例7-7文件Example7_7.txt的结果

7.4 字符流

字符流按传输方向分为字符输入流 Reader（内存从键盘读入）和字符输出流 Writer（内存往显示器写数据）。

7.4.1 字符输入流父类（Reader）

Reader 类是字符输入流的抽象类，所有字符输入流的实现都是它的子类。它定义了操作字符输入流的各种方法，常用方法如下。

- read()：读入一个字符。若已读到流结尾，则返回值为-1。
- read (char[])：读取一些字符到 char[]数组内，并返回所读入的字符的数量。若已到达流结尾，则返回-1。
- reset()：将当前输入流重新定位到最后一次调用 mark()方法时的位置。

- skip（long n）：跳过参数 n 指定的字符数量，并返回所跳过字符的数量。
- close()：关闭该流并释放与之关联的所有资源。在关闭该流后，再调用 read()、ready()、mark()、reset() 或 skip() 方法将抛出异常。

7.4.2 字符输出流父类（Writer）

Writer 类是字符输出流的抽象类，所有字符输出流的实现都是它的子类。它定义了操作字符输出流的各种方法，常用方法如下。

- write（int c）：将字符 c 写入输出流。
- write（String str）：将字符串 str 写入输出流。
- write（char[] cbuf）：将字符数组的数据写入到字符输出流。
- flush()：刷新当前输出流，并强制写入所有缓冲的字节数据。
- close()：向输出流写入缓冲区的数据，然后关闭当前输出流，并释放所有与当前输出流有关的系统资源。

7.4.3 FileReader 类与 FileWriter 类

FileReader 类和 FileWriter 类分别是抽象类 Reader 和 Writer 类的子类。FileReader 类兼容抽象类 Reader 的所有成员方法，可以进行读取字符串和关闭流等操作。FileWriter 类兼容抽象类 Writer 的所有成员方法，可以进行输出单个或多个字符、强制输出和关闭流等操作。

例 7-8　代码及运行结果如图 7-15 所示。

```java
package chap07;
import java.io.FileReader;
import java.io.FileWriter;
import java.io.IOException;
public class Example7_8{
    public Example7_8 (){
        try{
            //实例化一个对象
            FileWriter writer= new FileWriter("C:\\Exmple7_8.txt");
            writer.write("今天非常开心");
            writer.close( );
            //把日记文件中的数据读取并输出
            FileReader reader= new FileReader("C:\\Example7_8.txt");
            for(int c=reader.read( );c!=-1; c=reader.read( ))
                System.out.print((char)c);
            reader.close( );
        }catch(IOException e){
            System.err.println("异常:" + e);
            e.printStackTrace( );
        }
    }
    public static void main(String args[]){
```

```
            new Example7_8();
        }
    }
```

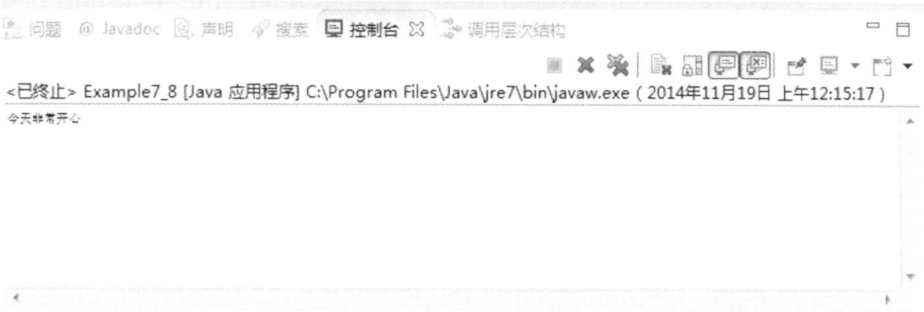
问题
@ Javadoc
声明
搜索
控制台
调用层次结构
<已终止> Example7_8 [Java 应用程序] C:\Program Files\Java\jre7\bin\javaw.exe (2014年11月19日 上午12:15:17)
今天非常开心

图7-15 例7-8运行结果

7.4.4 InputStreamReader 类与 OutputStreamWriter 类

InputStreamReader 是字节流通向字符流的桥梁。它可以根据指定的编码方式，将字节输入流转换为字符输入流。

OutputStreamWriter 是字节流通向字符流的桥梁。写出字节，并根据指定的编码方式，将之转换为字符流。

例 7-9 代码及运行结果如图 7-16 所示。

```
package chap07;
import java.io.*;
public class Example7_9 {
    public static void main(String args[]) {
        try {
            int rs;
            File file = new File("C:\\", "Example7_9.txt");
            FileInputStream fis = new FileInputStream(file);
            InputStreamReader isr = new InputStreamReader(fis);
            System.out.println("The content of Example7_9 is:");
            while ((rs = isr.read()) != -1) { // 顺序读取文件里的内容并赋值给
整型变量 b，直到文件结束为止。
                System.out.print((char) rs);
            }
            isr.close();
        } catch (IOException e) {
            e.printStackTrace();
        }
    }
}
```

图7-16 例7-9运行结果

例7-10 代码及运行结果如图7-17所示。

```java
package chap07;
import java.io.*;
public class Example7_10{
    public static void main(String[] args){
        File filein=new File("C:\\","Example7_10.txt");
        File fileout=new File("C:\\","Example7_10-1.txt");
        FileInputStream fis;
        try {
            if (!filein.exists())                    // 如果文件不存在
                filein.createNewFile();              // 创建新文件
            if (!fileout.exists())                   // 如果文件不存在
                fileout.createNewFile();             // 创建新文件
            fis = new FileInputStream(filein);
            FileOutputStream fos=new FileOutputStream(fileout,true);
            InputStreamReader in = new InputStreamReader (fis);
            OutputStreamWriter out = new OutputStreamWriter (fos);
            int is;
            while((is=in.read()) != -1){
                out.write(is);
            }
            in.close();
            out.close();
        } catch (IOException e) {
            e.printStackTrace();
        }
    }
}
```

注意

字符流是在字节流的基础上加了桥梁作用，所以构造它们时要先构造普通文件流。

图7-17 例7-10文件Example7_10-1.txt的结果

7.4.5 BufferedReader 类与 BufferedWriter 类

BufferedReader 类是 Reader 类的子类，使用该类可以以行为单位读取数据。BufferedReader 类中提供了一个 ReaderLine()方法，Reader 类中没有此方法，该方法能够读取文本行。

BufferedWriter 类是 Writer 类的子类，该类可以以行为单位写入数据。BufferedWriter 类提供了一个 newLine()方法，Writer 类中没有此方法。该方法是换行标记。

例 7-11 代码及运行结果如图 7-18 所示。

```java
package chap07;
import java.io.*;
public class Example7_11 {
    public static void main(String args[]) {
        try {
            FileReader fr;
            fr = new FileReader("C:\\Example7_11.txt");
                                                    // 创建 BufferedReader 对象
            File file = new File("C:\\Example7_11-1.txt");
            FileWriter fos = new FileWriter(file);      // 创建文件输出流
            BufferedReader br=new BufferedReader(fr);
            BufferedWriter bw=new BufferedWriter(fos);
                                                    // 创建 BufferedWriter 对象
            String str =null;
            while ((str = br.readLine()) != null) {
                bw.write(str + "\n");           // 为读取的文本行添加回车
            }
            br.close();                             // 关闭输入流
            bw.close();                             // 关闭输出流
        } catch (IOException e) {
            e.printStackTrace();
        }
    }
}
```

图7-18 例7-11文件Example7_11-1.txt的结果

7.4.6 PrintWriter 类

PrintWriter 是打印输出流，该流把 Java 语言的内构类型以字符表示形式送到相应的输出流中，可以以文本的形式浏览。PrintWriter 类常用的方法如下。

- print（String str）：将字符串型数据写至输出流。
- print（int i）：将整型数据写至输出流。
- flush()：强制性地将缓冲区中的数据写至输出流。
- println（String str）：将字符串和换行符写至输出流。
- println（int i）：将整型数据和换行符写至输出流。
- println()：将换行符写至输出流。

例 7-12 代码及运行结果如图 7-19 所示。

```java
package chap07;
import java.io.BufferedReader;
import java.io.File;
import java.io.FileReader;
import java.io.FileWriter;
import java.io.PrintWriter;
public class Example7_12 {
    public static void main(String args[]){
        File filein=new File("C:\\","Example7_12.txt");
        File fileout=new File("C:\\","Example7_12-1.txt");
        try {
            //创建一个 BufferedReader 对象
            BufferedReader br=new BufferedReader(new FileReader(filein));
            //创建一个 PrintWiter 对象
            PrintWriter pw=new PrintWriter(new FileWriter(fileout));
            int b;
            while((b=br.read())!=-1){
                pw.println(b);            //写入文件中
            }
            br.close();                   //关闭流
```

```
                pw.close();                    //关闭流
        } catch (Exception e) {
            e.printStackTrace();
        }
    }
}
```

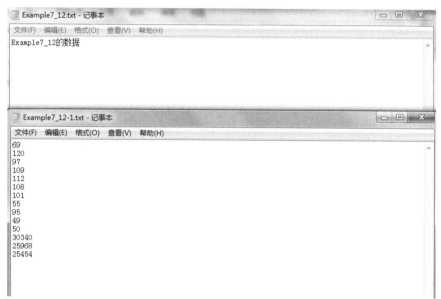

图7-19　例7-12文件Example7_12.txt与Example7_12-1.txt的结果

7.5 随机访问文件类

使用 RandomAccessFile 类可以读取任意位置数据的文件。RandomAccessFile 类既不是输入流类的子类，也不是输出流类的子类。RandomAccessFile 类常用的方法如下。

- length()：获取文件的长度。
- seek（long pos）：设置文件指针位置。
- readByte()：从文件中读取一个字节。
- readChar()：从文件中读取一个字符。
- readInt()：从文件中读取一个 int 值。
- readLine()：从文件中读取一个文本行。
- readBoolean()：从文件中读取一个布尔值。
- readUTF()：从文件中读取一个 UTF 字符串。
- write（byte bytes[]）：把 bytes.length 个字节写到文件。
- writeInt（int v）：向文件中写入一个 int 值。
- writeChars（String str）：向文件中写入一个作为字符数据的字符串。
- writeUTF（String str）：向文件中写入一个 UTF 字符串。

- close()：关闭文件。

例 7-13 代码及运行结果如图 7-20 所示。

```java
package chap07;
import java.io.*;
public class Example7_13 {
    public static void main(String args[]){
        int bytes[]={1,2,3,4,5};
        try {
            //创建 RandomAccessFile 类的对象
            RandomAccessFile raf=new RandomAccessFile("C:\\Example7_13.txt","rw");
            for(int i=0;i<bytes.length;i++){
                raf.writeInt(bytes[i]);
            }
            for(int i=bytes.length-1;i>=0;i--){
                raf.seek(i*4);                    //int 型数据占 4 个字节
                System.out.println(raf.readInt());
            }
            raf.close();
        } catch (Exception e) {
            e.printStackTrace();
        }
    }
}
```

图7-20 例7-13运行结果

习题七

一、选择题

1. 如果需要从文件中读取数据，则可以在程序中创建哪一个类的对象（　　）。
   A. FileInputStream　　　　　　　B. FileOutputStream
   C. DataOutputStream　　　　　　D. FileWriter

2. 下面的程序段创建了 BufferedReader 类的对象 in，以便读取本机 c 盘 my 文件夹下的文件 1.txt。File 构造函数中正确的路径和文件名的表示是（　　）。

```
File f = new File(填代码处);
file =new FileReader(f);
in=new BufferedReader(file);
```

    A. "./1.txt"   B. "../my/1.txt"   C. "c:\\my\\1.txt"   D. "c:\ my\1.txt"

3. 下列哪一个 import 命令可以使我们在程序中创建输入/输出流对象（　　）。

    A. import java.sql.*;   B. import java.util.*;
    C. import java.io.*;   D. import java.net.*;

4. 下面哪种流可以用于字符输入：（　　）。

    A. java.io.inputStream   B. java.io.outputStream
    C. java.io.inputStreamReader   D. java.io.outputStreamReader

5. 在读文本文件 Employee.dat 时，使用该文件作为参数的类是（　　）。

    A. BufferReader   B. DataInputStream
    C. DataOutpuStream   D. FileInputStream

6. 判断一个文件对象是不是只读文件，应当使用 File 类的（　　）方法。

    A. canRead   B. canWrite   C. onlyRead   D. readOnly

7. 下面语句的功能是（　　）。

```
RandomAccessFile  raf2 = new RandomAccessFile("1.txt","rw" );
```

    A. 打开当前目录下的文件 1.txt，既可以向文件写数据，也可以从文件读数据
    B. 打开当前目录下的文件 1.txt，但只能向文件写入数据，不能从文件读取数据
    C. 打开当前目录下的文件 1.txt，但不能向文件写入数据，只能从文件读取数据
    D. 以上说法都不对

8. 下面的程序创建了一个文件输出流对象，用来向文件 test.txt 中输出数据，假设程序当前目录下不存在文件 test.txt，编译下面的程序 Test.java 后，将该程序运行 3 次，则文件 test.txt 的内容是（　　）。

```
import java.io.*;
public class Test {
    public static void main(String args[]) {
        try
            String s="ABCDE";
            byte b[]=s.getBytes();
            FileOutputStream file=new FileOutputStream("test.txt",true);
            file.write(b);
            file.close();
        }
        catch(IOException e) {
            System.out.println(e.toString());
        }
    }
}
```

    A. ABCABC   B. ABCDE
    C. Test   D. ABCDE ABCDE ABCDE

二、填空题

1. Java 中 I/O 流是由_____包来实现的。
2. 所有程序都离不开输入和输出，在 Java 语言中输入/输出都是通过_____来实现的。
3. 标准输入/输出是在字符方式下程序与系统设备进行交互的方式。标准输入的对象是_____，标准输出和标准错误输出的对象是_____。
4. 字节流和字符流的区别是，字符流用于传输_____，而字节流可以传输_____。
5. 在文件的任意位置进行既读又写的操作，应当使用_____类。

三、简答题

基本的 I/O 流主要包括哪些内容？

第 8 章
多线程

【本章导读】

本章主要介绍 Java 线程的基本概念和应用。主要包括线程的基本概念、实现多线程的两种机制（继承 Thread 类和实现 Runnable 接口）、线程的 4 种状态，线程的调度和优先级等。

【学习目标】

- 理解线程的概念，理解线程与进程的区别
- 掌握线程的创建方法
- 掌握线程的状态及改变线程状态的方法
- 线程的调度方法
- 编写多线程程序的方法

8.1 线程入门

目前主流的操作系统都是多任务、多线程的，即操作系统能够同时执行多项任务。随着计算机软、硬件技术的不断提高，怎样提高系统的综合效率，是软件应用开发人员应到考虑的问题。为了真正提高系统效率，可以采用多线程技术。Java 语言提供了多线程机制。合理设计和利用多线程，可以充分利用计算机资源，提高程序执行效率。

8.1.1 线程相关概念

1. 程序

保存在硬盘里的一段代码。程序只是一组指令的有序集合，它本身没有任何运行的含义，只是一个静态实体。

2. 进程

程序在操作系统执行的过程。进程（Process）是具有一定独立功能的程序关于某个数据集合上的一次运行活动，是系统进行资源分配和调度的独立单位。

3. 线程

线程有时被称为轻量级进程（Lightweight Process，LWP），是程序执行流的最小单元。是"进程"中某个单一顺序的控制流。线程是一个程序的多个执行路径，执行调度的单位，依托于进程存在。线程不仅可以共享进程的内存，而且还拥有一个属于自己的内存空间，这段内存空间也叫作线程栈，是在建立线程时由系统分配的，主要用来保存线程内部所使用的数据，如线程执行函数中所定义的变量。

一般 Java 应用程序启动时，Java 应用程序的生命流程会首先从主方法（Main）开始，一行行地顺序执行，这个流程称之为线程。

> **注意**
>
> Java 中的多线程是一种抢占机制而不是分时机制。抢占机制指的是有多个线程处于可运行状态，但是只允许一个线程在运行，它们通过竞争的方式抢占 CPU。

4. 多线程

在程序中可以允许启动多个线程，同时实现不同的任务流程。我们称之为多线程。

5. 普通线程的运行机制和原理

线程的执行依赖于进程为线程分配时间片。而进程分配的时间片是随机的。而且这种时间片非常短。在单 CPU 中，每次只能执行一个线程，但是由于间隔非常短暂，看起来像是多个线程同时在执行。这样导致以下效果。

- 线程的执行效率非常高。
- 多个线程在运行过程中都能随机获得时间片，运行的结果可能是部分线程先执行、部分后执行、执行中出现交叉效果（通过多线程同时打印数字或者字母来体会）。

8.1.2 使用线程的好处

（1）使用线程可以把占据长时间的程序中的任务放到后台去处理（交给线程处理）。
（2）程序的运行速度可能加快。
（3）在实现一些等待的任务时，如用户输入、文件读写和网络收发数据等，线程就比较有用了。在这种情况下可以释放一些珍贵的资源，如内存等。
（4）充分利用系统资源。如充分利用 CPU 资源，最大限度发挥硬件性能。

8.2 多线程编程

在 Java 语言中，线程也是一种对象，但并非任何对象都可以成为线程，只有实现 Runnable 接口或继承了 Thread 类的对象才能成为线程。

8.2.1 继承 Thread 类

在 Java 语言中要实现线程功能可以继承 java.lang.Thread 类，这个类已经具备了创建和运行线程的所有必要架构，通过重写 Thread 类中 run()方法，以实现用户所需要的功能，实例化自定义的 Thread 类，使用 start()方法启动线程。

例 8-1　代码及运行结果如图 8-1 所示。

```java
package chap08;
public class Example8_1
{
    public static void main(String args[])
    {
        TestThread t=new TestThread();
        t.start();
        for(int i=0;i<4;i++)     // 循环输出
        {
            System.out.println(Thread.currentThread().getName()+"线程在运行");
        }
    }
}
class TestThread extends Thread
{
    public void run()
    {
        for(int i=0;i<4;i++)
        {
            System.out.println(Thread.currentThread().getName()+"线程在运行");
        }
    }
}
```

图8-1　例8-1运行结果

8.2.2　实现 Runnable 接口

从本质上讲，Runnable 是 Java 语言中用以实现线程的接口，任何实现线程功能的类都必须实现这个接口。Thread 类就是因为实现了 Runnable 接口，所以继承它的类才具有了相应的线程功能。

虽然可以使用继承 Thread 类的方式实现线程，但是由于在 Java 语言中，只能继承一个类，如果用户定义的类已经继承了其他类，就无法再继承 Thread 类，也就无法使用线程，于是 Java 语言为用户提供了一个接口——java.lang.Runnable，实现 Runnable 接口与继承 Thread 类具有相同的效果，通过实现这个接口就可以使用线程。

Runnable 接口中定义了一个 run() 方法，在实例化一个 Thread 对象时，可以传入一个实现 Runnable 接口的对象作为参数，Thread 类会调用 Runnable 对象的 run() 方法，继而执行 run() 方法中的内容。

例 8-2　代码及运行结果如图 8-2 所示。

```java
package chap08;
public class Example8_2
{
    public static void main(String args[])
    {
        MyRunnable mr=new MyRunnable();
        Thread t=new Thread(mr);
        t.start();
        // 循环输出
        for(int i=0;i<4;i++)
        {
            System.out.println(Thread.currentThread().getName()+" "+i);
        }
    }
}
class MyRunnable implements Runnable {
    //线程在执行时，执行的方法.
    public void run() {
        for(int i=1;i<=4;i++){
            System.out.println( Thread.currentThread().getName()+" "+i);
```

```
            }
        }
}
```

```
<已终止> Example8_2 [Java 应用程序] C:\Program Files\Java\jre7\bin\javaw.exe ( 2014年11月19日 下午8:05:25 )
Thread-0 1
Thread-0 2
Thread-0 3
Thread-0 4
main 0
main 1
main 2
main 3
```

图8-2　例8-2运行结果

8.3 线程的生命周期

线程的生命周期中主要有以下状态。

（1）创建状态：当实例化一个 Thread 对象并执行 start() 方法后，线程进入"可执行"状态，开始执行，虽然多线程给用户一种同时执行的感觉，但事实上在同一时间点上，只有一个线程在执行，只是线程之间转换的动作很快，所以看起来好像同时在执行一样。

（2）可执行状态：当线程启用 start() 方法后，进入"可执行"状态，执行用户覆写的 run() 方法。一个线程进入"可执行"状态下，并不代表它可以一直执行到 run() 结束为止，事实上它只是加入此应用程序执行安排的队列中，也就是说，这个线程加入了进程的线程执行队列中，对于大多数计算机而言，只有一个处理器，无法使多个线程同时执行，这时需要合理安排线程执行计划，让那些处于"可执行"状态下的线程合理分享 CPU 资源。所以，一个处在"可执行"状态下的线程，实际上可能正在等待取得 CPU 时间，也就是等候执行权，在何时给予线程执行权，则由 Java 虚拟机和线程的优先级来决定。

（3）非可执行状态：在"可执行"状态下，线程可能被执行完毕，也可能没有执行完毕，处于等待执行权的队列中，当使线程离开"可执行"状态下的等待队列时，线程进入"非可执行"状态。可以使用 Thread 类中的 wait()、sleep() 方法使线程进入"非可执行"状态。

（4）消亡状态：当 run() 方法执行完毕，线程自动消亡，当 Thread 类调用 start() 方法时，Java 虚拟机自动调用它的 run() 方法，而当 run() 方法结束时，该 Thread 会自动终止。以前 Thread 类中存在一个停止线程的 stop() 方法，不过它现在被废弃了，因为调用这个方法，很容易使程序进入不稳定状态。

线程各状态及状态间的转换如图 8-3 所示。

例 8-3　代码及运行结果如图 8-4 所示。

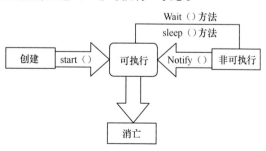

图8-3　线程状态示意图

```java
package chap08;
public class Example8_3
{
    public static void main(String args[]) throws InterruptedException
    {
        MyRunnable1 mr=new MyRunnable1();
        Thread t=new Thread(mr);
        t.start();
        // 循环输出
        for(int i=1;i<=4;i++)
        {
            Thread.sleep(500);
            System.out.println( Thread.currentThread().getName()+" "+i);
        }
    }
}
class MyRunnable1 implements Runnable {
    //线程在执行时，执行的方法.
    public void run() {
        for(int i=1;i<=4;i++){
            try {
                Thread.sleep(500);
            } catch (InterruptedException e) {
                // TODO 自动生成的 catch 块
                e.printStackTrace();
            }
            System.out.println( Thread.currentThread().getName()+" "+i);
        }
    }
}
```

```
<已终止> Example8_3 [Java 应用程序] C:\Program Files\Java\jre7\bin\javaw.exe ( 2014年11月19日 下午8:21:58 )
Thread-0 1
main 1
Thread-0 2
main 2
Thread-0 3
main 3
Thread-0 4
main 4
```

图8-4　例8-3运行结果

8.4 线程的控制

线程的控制包括线程的启动、挂起、状态检查以及如何正确结束线程，由于在程序中使用多线程，为合理安排线程的执行顺序，可以对线程进行相应的控制。

8.4.1 线程的启动

一个新的线程被创建后处于初始状态，实际上并没有立刻进入运行状态，而是处理就绪状态，当轮到这个线程执行时，即进入"可执行"状态，开始执行线程 run()方法中的代码。

执行 run()方法是通过调用 Thread 类中 start()方法来实现的。调用 start()方法启动线程的 run()方法不同于一般的调用方法，一般方法必须等到方法执行完毕才能够返回。而对于 start()方法来说，调用线程的 start()方法后，start()方法告诉系统该线程准备就绪并可以启动 run()方法后就返回，并继续执行调用 start()方法下面的语句，这时 run()方法可能还在运行，这样，就实现了多任务操作。

8.4.2 线程的挂起

线程的挂起操作实质上就是使线程进入"非可执行"状态下，在这个状态下，CPU 不会分给线程时间段，进入这个状态可以用来暂停一个线程的运行，在线程挂起后，可以通过重新唤醒线程使之恢复运行。这个过程在外表看来好像什么也没有发生过，只是线程很慢地执行一条指令。

当一个线程进入"非可执行"状态，也就是挂起状态时，必然存在某种原因使其不能继续运行，原因可能是以下几种情况。

- 通过调用 sleep()方法使线程进入休眠状态，线程在指定时间内不会运行。
- 通过调用 join()方法使线程挂起，如果线程 A 调用线程 B 的 join()方法，那么线程 A 将被挂起，直到线程 B 执行完毕为止。
- 通过调用 wait()方法使线程挂起，直到线程得到了 notify()和 notifyAll()消息，线程才会进入"可执行"状态。
- 线程在等待某个输入/输出完成。

8.4.3 线程的常用方法

以下是线程控制中常用的一些方法。

1．sleep()方法

sleep()方法是使一个线程的执行暂时停止的方法，暂停的时间由给定的毫秒数决定。语法格式为：Thread.sleep（long millis）。

millis：必选参数，该参数以毫秒为单位设置线程的休眠时间。

执行该方法后，当前线程将休眠指定的时间段，如果任何一个线程中断了当前线程的休眠，该方法将抛出 InterruptedException 异常对象，所以在使用 sleep()方法时，必须捕获该异常。

例如，想让线程休眠 1.5 秒，即 1 500 毫秒，可以使用如下代码。

```
try {
    Thread.sleep(1500);              // 使线程休眠1500 毫秒
} catch (InterruptedException e) {   // 捕获异常
    e.printStackTrace();             // 输出异常信息
}
```

2. join()方法

join()方法能够使当前执行的线程停下来等待，直至 join()方法所调用的那个线程结束再恢复执行。语法格式为：thread.join()。

thread：一个线程的对象。

例如，有一个线程 A 正在运行，用户希望插入一个线程 B，并且要求线程 B 执行完毕，然后再继续线程 A。

```
public class A extends Thread{
    Thread B;
    run(){
        B.join();              // 在线程A中执行线程B
        ……
    }
}
```

3. wait()与 notify()方法

wait()方法同样可以对线程进行挂起操作，调用 wait()方法的线程将进入"非可执行"状态，使用 wait()方法有两种方式。语法格式为：thread.wait(1000)或者 thread.wait()，thread.notify()。

thread：线程对象。

第一种方式给定线程挂起时间。

第二种方式是 wait()与 notify()方法配合使用，这种方式让 wait()方法无限等下去，直到线程接收到 notify()或则 notifyAll()消息为止。

wait()、notify()、notifyAll()不同于其他线程方法，这 3 个方法是 java.lang.Object 类的一部分，而 Object 类是所有类的父类，所以这 3 个方法会自动被所有类继承下来，wait()、notify()、notifyAll()都被声明为 final 类，所以无法重新定义。

8.4.4 线程状态检查

一般情况下无法确定一个线程的运行状态，对于这些处于未知状态的线程，可以通过 isAlive()方法来确定线程是否仍处在活动状态。当然，即使处于活动状态的线程也并不意味着这个线程一定正在运行，对于一个已开始运行但还没有完成任务的线程，这个方法返回值为 true。

语法格式为：thread.isAlive()。

thread：这是一个线程对象，isAlive()方法将判断该线程的活动状态。

8.4.5 结束线程

结束线程有两种情况。

（1）自然消亡：一个线程从 run()方法的结尾处返回，自然消亡且不能再被运行。

（2）强制死亡：调用 Thread 类中 stop()方法强制停止，不过该方法已经被废弃。

虽然这两种情况都可以停止一个线程，但最好的方式是自然消亡，简单地说，如果要停止一个线程的执行，最好提供一个方式让线程可以完成 run()方法的流程。

例如，线程的 run()方法中执行一个无限循环，在这个循环中可以提供一个布尔变量或表达式来控制循环是否执行，在线程执行中，可以调用方法改变布尔变量的值，用这种方式使线程离开 run()方法以终止线程。

例 8-4　代码及运行结果如图 8-5 所示。

```java
package chap08;
public class Example8_4 {
    public static void main(String[] args) {
        MyThred mt=new MyThred();
        mt.start();
        try {
            Thread.sleep(1500);
        } catch (InterruptedException e) {
            e.printStackTrace();
        } //一段时间后调用方法改变布尔变量的值，使线程离开run()方法以终止线程
        mt.setFlag(false);
    }
}
class MyThred extends Thread {
    private boolean flag=true;         //跳出循环标记量
    public boolean isFlag(){           //标记量取值
        return this.flag;
    }
    public void setFlag(boolean flag){   //标记量赋值
        this.flag=flag;
    }
    public void run(){
        while(isFlag()){
            try {
                Thread.sleep(500);
            } catch (InterruptedException e) {
                e.printStackTrace();
            }
            //执行相关业务操作
            System.out.println(Thread.currentThread().getName()+"线程正在运行中");
            if(!isFlag()){              //如果标记量为false，结束循环
                return;
            }
        }
    }
}
```

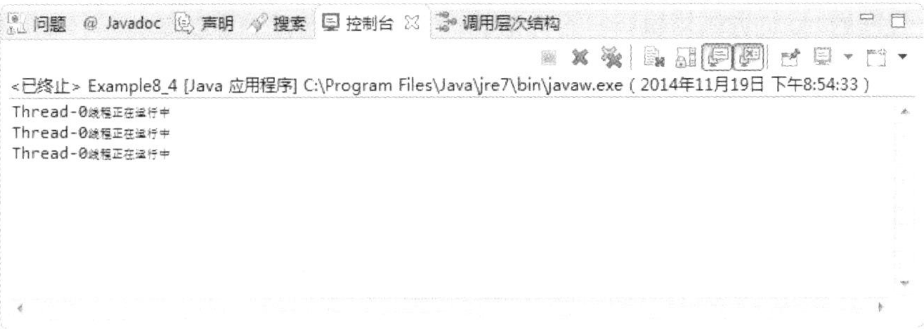

图8-5 例8-4运行结果

8.4.6 后台线程

后台线程，即 Daemon 线程，它是一个在后台执行服务的线程。例如，操作系统中的隐藏线程和 Java 语言中的垃圾自动回收线程等。如果所有的非后台线程都结束了，则后台线程也会自动终止。可以使用 Thread 类中的 setDaemon()方法来设置一个线程为后台线程。

但是有一点需要注意：必须在线程启动之前调用 setDaemon()方法，这样才能将这个线程设置为后台线程。

语法格式为：thread.setDaemon (boolean on)。

thread：线程对象。on：该参数如果为 true，则将该线程标记为后台线程。

当设置完成一个后台线程后，可以使用 Thread 类中的 isDaemon()方法来判断线程是否是后台线程。

语法格式为：thread.isDaemon()。

thread：线程对象。

例 8-5　代码及运行结果如图 8-6 所示。

```java
package chap08;
public class Example8_5
{
    public static void main(String args[])
    {
        Thread t = new Thread(new ThreadTest()) ;
        // true 设置后台运行，如果设置为 false 则相当于没有调用 setDaemon，且程序不会停止
        t.setDaemon(true) ;
        t.start();
        try {
            Thread.sleep(500);
        } catch (InterruptedException e) {
            e.printStackTrace();
        }
        System.out.println("end main");
    }
}
class ThreadTest implements Runnable
```

```java
{
    public void run()
    {
        while(true)
        {
            System.out.println(Thread.currentThread().getName()+"is running.");
            try {
                Thread.sleep(150);
            } catch (InterruptedException e) {
                e.printStackTrace();
            }
        }
    }
}
```

```
<已终止> Example8_5 [Java 应用程序] C:\Program Files\Java\jre7\bin\javaw.exe（2014年11月19日 下午9:34:37）
Thread-0is running.
Thread-0is running.
Thread-0is running.
Thread-0is running.
end main
```

图8-6 例8-5运行结果

8.5 线程的同步

如果程序是单线程的，执行起来不必担心此线程会被其他线程打扰，就像在现实中，同一时间只完成一件事情，可以不用担心这件事情会被其他事情打扰，但是如果程序中同时使用多个线程，就好比现实中"两个人同时进入一扇门"，此时就需要控制，否则容易阻塞。

例如，在卖票程序中可能碰到一种意外，同一张票号被打印两次或多次，也可能打印票号为0或是负数。这个意外出现的原因在下面这部分代码中。

例 8-6 代码及运行结果如图 8-7 所示。

```java
package chap08;
public class Example8_6
{
    public static void main(String [] args)
    {
        TestThread1 t = new TestThread1() ;
        // 启动了四个线程，实现了资源共享的目的
        new Thread(t).start();
        new Thread(t).start();
```

```java
            new Thread(t).start();
            new Thread(t).start();
        }
    }
    class TestThread1 implements Runnable
    {
        private int tickets=5;
        public void run()
        {
            while(true)
            {
                if(tickets>0)
                {
                    try{
                        Thread.sleep(100);
                    }
                    catch(Exception e){}
                    System.out.println(Thread.currentThread().getName()
                            +"出售票"+tickets--);
                }
            }
        }
    }
```

图8-7 例8-6运行结果

为了避免多线程共享资源发生冲突的情况的发生，只要在线程使用资源时给该资源上一把锁就可以了，访问资源的第一个线程为资源上锁，其他线程若想使用这个资源必须等到锁解除为止，锁解开的同时另一个线程使用该资源并为这个资源上锁。

为了处理这种共享资源竞争，可以使用同步机制。所谓同步机制指的是两个线程同时操作一个对象时，应该保持对象数据的统一性和整体性。Java 语言提供 synchronized 关键字，为防止资源冲突提供了内置支持。共享资源一般是文件、输入/输出端口，或者是打印机。

Java 语言中有两种同步形式，即同步方法和同步代码块。

8.5.1 同步代码块

Java 语言中设置程序的某个代码段为同步区域。

语法格式为：

```
synchronized(someobject){
    ……//省略代码
}
```

其中，somobject 代表当前对象，同步的作用区域是 synchronized 关键字后大括号以内的部分。在程序执行到 synchronized 设定的同步化区块时锁定当前对象，这样就没有其他线程可以执行这个被同步化的区块。

例 8-7　代码及运行结果如图 8-8 所示。

```java
package chap08;
public class Example8_7
{
    public static void main(String [] args)
    {
        TestThread2 t = new TestThread2() ;
        // 启动了四个线程，实现了资源共享的目的
        new Thread(t).start();
        new Thread(t).start();
        new Thread(t).start();
        new Thread(t).start();
    }
}
class TestThread2 implements Runnable
{
    private int tickets=5;
    public void run()
    {
        while(true)
        {
            synchronized(this)
            {
                if(tickets>0)
                {
                    try{
                        Thread.sleep(100);
                    }
                    catch(Exception e){}
                    System.out.println(Thread.currentThread().getName()
                        +"出售票"+tickets--);
                }
            }
        }
    }
}
```

图8-8 例8-7运行结果

8.5.2 同步方法

同步方法将访问这个资源的方法都标记为 synchronized，这样在需要调用这个方法的线程执行完之前，其他调用该方法的线程都会被阻塞。可以使用如下代码声明一个 synchronized 方法。

```
synchronized void sum(){...}      //定义取和的同步方法
synchronized void max(){...}      //定义取最大值的同步方法
```

例 8-8 代码及运行结果如图 8-9 所示。

```java
package chap08;
public class Example8_8
{
    public static void main(String [] args)
    {
        TestThread3 t = new TestThread3() ;
        // 启动了4个线程，实现了资源共享的目的
        new Thread(t).start();
        new Thread(t).start();
        new Thread(t).start();
        new Thread(t).start();
    }
}
class TestThread3 implements Runnable
{
    private int tickets=5;
    public void run()
    {
        while(true)
        {
            sale();
        }
    }
    public synchronized void sale()      //同步代码块
    {
```

```
            if(tickets>0)
            {
                try{
                    Thread.sleep(100);
                }
                catch(Exception e){}
                System.out.println(Thread.currentThread().getName()+" 出 售 票
"+tickets--);
            }
        }
    }
```

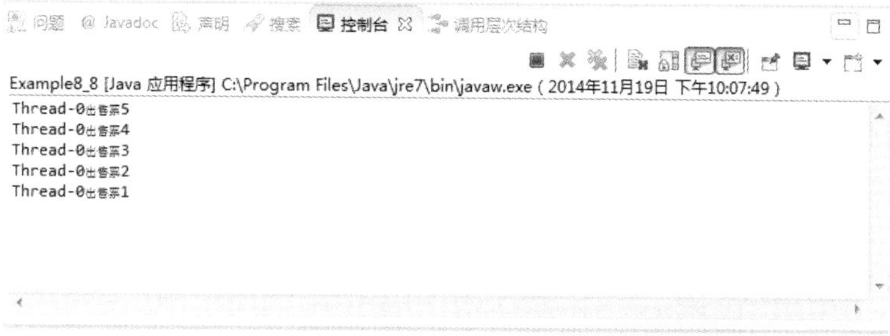

图8-9 例8-8运行结果

8.6 线程的死锁

因为线程可以阻塞，并且具有同步控制机制可以防止其他线程在锁还没有释放的情况下访问这个对象，这时就产生了矛盾，例如，线程 A 在等待线程 B，而线程 B 又在等待线程 A，这样就造成了死锁。

一般造成死锁必须同时满足以下 4 个条件。
- 互斥条件：线程使用的资源必须至少有一个是不能共享的。
- 请求与保持条件：至少有一个线程必须持有一个资源并且正在等待获取一个当前被其他线程持有的资源。
- 非剥夺条件：分配的资源不能从相应的线程中被强制剥夺。
- 循环等待条件：第一个线程等待其他线程，后者又在等待第一个线程。

因为要发生死锁，这 4 个条件必须同时满足，所以要防止死锁的话，只需要破坏其中一个条件即可。

例 8-9 代码如下。

```
package chap08;
public class Example8_9 {
    public static void main(String[] args) {
        DeadLockThread1 t1 = new DeadLockThread1();
        DeadLockThread2 t2 = new DeadLockThread2();
        t1.start();
```

```
            t2.start();
        }
    }
    class DeadLockThread1 extends Thread{
        public void run(){
            synchronized ("bcd") {
                try {
                    Thread.sleep(1);
                } catch (InterruptedException e) {
                    // TODO Auto-generated catch block
                    e.printStackTrace();
                }
                synchronized ("abc") {
                }
            }
        }
    }
    class DeadLockThread2 extends Thread{
        public void run(){
            synchronized ("abc") {
                try {
                    Thread.sleep(2);
                } catch (InterruptedException e) {
                    // TODO Auto-generated catch block
                    e.printStackTrace();
                }
                synchronized ("bcd") {
                }
            }
        }
    }
```

8.7 线程的通信

线程通信是协调线程之间的运行,主要是为了解决死锁的问题。

例如,有一个水塘,对水塘操作无非包括"进水"和"排水",这两个行为各自代表一个线程,当水塘中没有水时,"排水"行为不能再进行,当水塘水满时,"进水"行为不能再进行。

在 Java 语言中用于线程间通信的方法是前文中提到过的 wait()与 notify()方法,拿水塘的例子来说明,线程 A 代表"进水",线程 B 代表"排水",这两个线程对水塘都具有访问权限。假设线程 B 试图做"排水"行为,然而水塘中却没有水。这时候线程 B 只好等待一会。线程 B 可以使用如下代码。

```
if(water.isEmpty){         // 如果水塘没有水
    water.wait();          // 线程等待
}
```

在由线程 A 往水塘注水之前，线程 B 不能从这个队列中释放，它不能再次运行。当线程 A 将水注入水塘中后，应该由线程 A 来通知线程 B 水塘中已经被注入水了，线程 B 才可以运行。此时，水塘对象将等待队列中第一个被阻塞的线程在队列中释放出来，并且重新加入程序运行。水塘对象可以使用如下代码。

```
water.notify();
```

将"进水"与"排水"抽象为线程 A 和线程 B。"水塘"抽象为线程 A 与线程 B 共享对象 water，上述情况即可看作线程通信，线程通信可以使用 wait()与 notify()方法。notify()方法最多只能释放等待队列中的第一个线程，如果有多个线程在等待，可以使用 notifyAll()方法，释放所有线程。另外，wait()方法除了可以被 notify()方法调用终止以外，还可以通过调用线程的 interrupt()方法来中断，通过调用线程的 interrupt()方法来终止，wait()方法会抛出一个异常。因此，如同 sleep()方法，也需要将 wait()方法放在 try...catch 语句块中。

在实际应用中，wait()方法与 notify()方法必须在同步方法或同步块中调用，因为只有获得这个共享对象，才可能释放它。为了使线程对一个对象调用 wait()方法或 notify()方法，线程必须锁定那个特定的对象，这个时候就需要同步机制进行保护。

例如，当"排水"线程得到对水塘的控制权时，也就是拥有了 water 这个对象，但水塘中却没有水，此时，water.isEmpty()条件满足，water 对象被释放，所以"排水"线程在等待。可以使用如下代码在同步机制保护下调用 wait()方法。

```
synchronized(water){
    ……//省略部分代码
    try{
        if(water.isEmpty()){
            water.wait();        //线程调用wait()方法
        }
    }catch(InterruptException e){
        ……//省略异常处理代码
    }
}
```

当"进水"线程将水注入水塘后，再通知等待的"排水"线程，告诉它可以排水了，"排水"线程被唤醒后继续做排水工作。

notify()方法通知"排水"线程，并将其唤醒，notify()方法与 wait()方法相同，都需要在同步方法或同步块中才能被调用。

下面是在同步机制下调用 notify()方法的代码。

```
synchronized(water){
    water.notify();        //线程调用notify()方法
}
```

例 8-10 代码及运行结果如图 8-10 所示。

```
package chap08;
class ThreadA extends Thread {
    Example8_10 water;
```

```java
    public ThreadA(Example8_10 waterArg) {
        water = waterArg;
    }
    public void run() {
        System.out.println("开始进水......");
        for (int i = 1; i <= 5; i++) {                   // 循环 5 次
            try {
                Thread.sleep(1000);                       // 休眠 1 秒,模拟 1 分钟的时间
                System.out.println(i + "分钟");
            } catch (InterruptedException e) {
                e.printStackTrace();
            }
        }
        water.setWater(true);                             // 设置水塘有水状态
        System.out.println("进水完毕,水塘水满。");
        synchronized (water) {
            water.notify();                               // 线程调用 notify()方法
        }
    }
}
class ThreadB extends Thread {
    Example8_10 water;
    public ThreadB(Example8_10 waterArg) {
        water = waterArg;
    }
    public void run() {
        System.out.println("启动排水");
        if (water.isEmpty()) {                            // 如果水塘无水
            synchronized (water) {                        // 同步代码块
                try {
                    System.out.println("水塘无水,排水等待中......");
                    water.wait();                         // 使线程处于等待状态
                } catch (InterruptedException e) {
                    e.printStackTrace();
                }
            }
        }
        System.out.println("开始排水......");
        for (int i = 5; i >= 1; i--) {                    // 循环 5 侧
            try {
                Thread.sleep(1000);
                System.out.println(i + "分钟");            // 休眠 1 秒,模拟 1 分钟
            } catch (InterruptedException e) {
                e.printStackTrace();
```

```java
            }
        }
        water.setWater(false);                      // 设置水塘无水状态
        System.out.println("排水完毕。");
    }
}
public class Example8_10 {
    boolean water = false;                          // 反应水塘状态的变量
    public boolean isEmpty() {                      // 判断水塘是否无水的方法
        return water ? false : true;
    }
    public void setWater(boolean haveWater) {       // 更改水塘状态的方法
        this.water = haveWater;
    }
    public static void main(String[] args) {
        Example8_10 water=new Example8_10();        // 创建水塘对象
        ThreadA threadA = new ThreadA(water);       // 创建进水线程
        ThreadB threadB = new ThreadB(water);       // 创建排水线程
        threadB.start();                            // 启动排水线程
        threadA.start();                            // 启动进水线程
    }
}
```

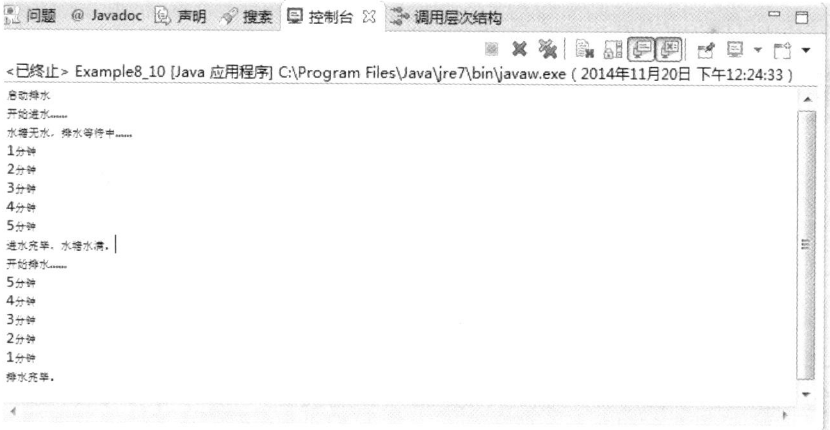

图8-10 例8-10运行结果

习题八

一、选择题

1. 下列说法中错误的一项是（　　）。
    A. 线程就是程序
    B. 线程是一个程序的单个执行流
    C. 多线程是指一个程序的多个执行流
    D. 多线程用于实现并发

2. 当（　）方法终止时，能使线程进入死亡状态。
   A. run　　　　　B. setPriority　　　C. yield　　　　　D. sleep
3. 下列哪一个操作不能使线程从等待阻塞状态进入对象阻塞状态（　）。
   A. 等待阻塞状态下的线程被 notify()唤
   B. 等待阻塞状态下的线程被 interrput()中断
   C. 等待时间到
   D. 等待阻塞状态下的线程调用 wait()方法
4. 用（　）方法可以改变线程的优先级。
   A. run　　　　　B. setPriority　　　C. yield　　　　　D. sleep
5. 下列哪个方法可以使线程从运行状态进入其他阻塞状态（　）。
   A. sleep　　　　B. wait　　　　　　C. yield　　　　　D. start
6. 下列说法中错误的一项是（　）。
   A. 一个线程是一个 Thread 类的实例
   B. 线程从传递给纯种的 Runnable 实例 run()方法开始执行
   C. 线程操作的数据来自 Runnable 实例
   D. 新建的线程调用 start()方法就能立即进入运行状态
7. 下列关于 Thread 类提供的线程控制方法的说法中，错误的一项是（　）。
   A. 在线程 A 中执行线程 B 的 join()方法，则线程 A 等待直到 B 执行完成
   B. 线程 A 通过调用 interrupt()方法来中断其阻塞状态
   C. 若线程 A 调用方法 isAlive()返回值为 true，则说明 A 正在执行中
   D. currentThread()方法返回当前线程的引用
8. 下面的哪一个关键字通常用来对对象的加锁，从而使得对对象的访问是排他的（　）。
   A. sirialize　　　B. transient　　　　C. synchronized　　D. static
9. Java 语言中提供了一个（　）线程，自动回收动态分配的内存。
   A. 异步　　　　　B. 消费者　　　　　C. 守护　　　　　D. 垃圾收集

二、填空题

1. 在操作系统中，被称作轻型的进程是_____。
2. 多线程程序设计的含义是可以将一个程序任务分成几个并行的_____。
3. 在 Java 程序中，run()方法的实现有两种方式：_____和_____。
4. 多个线程并发执行时，各个线程中语句的执行顺序是_____的，但是线程之间的相对执行顺序是_____的。

三、简答题

1. Java 中有几种方法可以实现一个线程？用什么关键字修饰同步方法？
2. sleep()方法和 wait()方法有什么区别？

第 9 章
网络编程

【本章导读】

网络编程是 Java 程序设计的一个重要组成部分,使用 Java 可以轻松地开发出各种类型的网络程序。本章介绍网络编程的相关基本概念,包括 TCP/UDP 介绍、IP 地址封装、Socket 编程和 UDP 编程。通过本章的学习,使读者能编写简单的网络通信程序。

【学习目标】
- 掌握网络编程相关概念
- 了解 Socket 网络编程的基本方法和步骤
- 了解 UDP 网络编程的基本方法和步骤
- 能编写基于 UDP 的网络程序
- 能编写基于 Socket 的网络程序

9.1 网络编程入门

要开发 Java 网络应用程序，就必须对网络的基础知识有一定的了解。Java 的网络通信可以使用 TCP、UDP 等协议，在学习 Java 网络编程之前，先简单了解一下有关协议的基础知识。

9.1.1 TCP

TCP 的全称是 Transmission Control Protocol，也就是传输控制协议，主要负责数据的分组和重组。它与 IP 协议组合使用，称为 TCP/IP。

TCP 适合于可靠性比较高的运行环境，因为 TCP 是严格的、安全的。它以固定连接为基础，提供计算机之间可靠的数据传输，计算机之间可以凭借连接交换数据，并且传送的数据能够正确抵达目标，传送到目标后的数据仍然保持数据送出时的顺序。

9.1.2 UDP

UDP 的全称是 User Datagram Protocol，也就是用户数据报协议，和 TCP 不同，UDP 是一种非持续连接的通信协议，它不保证数据能够正确抵达目标。

虽然 UDP 可能会因网络连接等各种原因，无法保证数据的安全传送，并且多个数据包抵达目标的顺序可能和发送时的顺序不同，但是它比 TCP 更轻量一些，TCP 的认证会耗费额外的资源，可能导致传输速度的下降。在正常的网络环境中，数据都可以安全地抵达目标计算机中，所以使用 UDP 更加适合一些对可靠性要求不高的环境，如在线影视、聊天室等。

9.2 IP 地址封装

IP 地址是每个计算机在网络中的唯一标识，它是 32 位或 128 位的无符号数字，使用 4 组数字表示一个固定的编号，例如"192.168.128.255"就是局域网络中的编号。IP 地址，它是一种低级协议，UDP 和 TCP 都是在它的基础上构建的。

Java 提供了 IP 地址的封装类 InetAddress。它封装了 IP 地址，并提供了相关的常用方法，例如，解析 IP 地址的主机名称、获取本机 IP 地址的封装、测试 IP 地址是否可达等。

InetAddress 类的常用方法如下。

- getLocalHost()：返回本地主机的 InetAddress 对象。
- getByName (String host)：获取指定主机名称的 IP 地址。
- getHostName()：获取此主机名。
- getHostAddress()：获取主机 IP 地址。
- isReachable (int timeout)：在 timeout 指定的毫秒时间内，测试 IP 地址是否可达。

例 9-1　代码及运行结果如图 9-1 所示。

```
package chap09;
import java.io.IOException;
import java.net.InetAddress;
import java.net.UnknownHostException;
```

```java
public class Example9_1{
    public static void main(String args[]) {
        String IP = null;
        for (int i = 100; i <= 200; i++) {
            IP = "192.168.136."+i;                    // 生成IP字符串
            try {
                InetAddress host;
                host= InetAddress.getByName(IP);      // 获取IP封装对象
                if(host.isReachable(2000)){           // 用1秒的时间测试IP是否可达
                    String hostName = host.getHostName();
                    System.out.println("IP地址"+IP+"的主机名称是:"+hostName);
                }
            } catch (UnknownHostException e) {        // 捕获未知主机异常
                e.printStackTrace();
            } catch (IOException e) {                 // 捕获输入输出异常
                e.printStackTrace();
            }
        }
        System.out.println("搜索完毕。");
    }
}
```

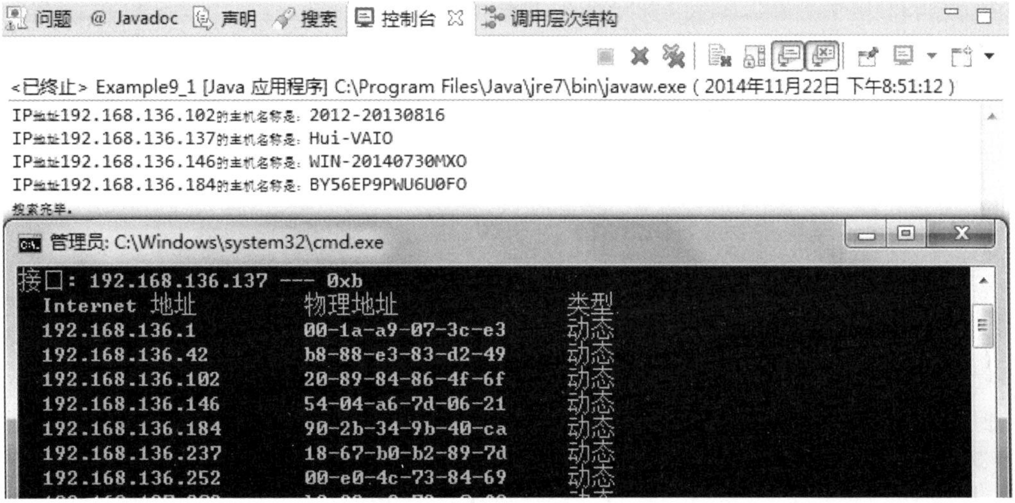

图9-1 例9-1运行结果

例9-2 代码及运行结果如图9-2所示。

```java
package chap09;
import java.net.*;
public class Example9_2 {  // 创建类
    public static void main(String[] args) {
```

```
        InetAddress ip; // 创建 InetAddress 对象
        try { // try 语句块捕捉可能出现的异常
            ip = InetAddress.getLocalHost(); // 实例化对象
            String localname = ip.getHostName(); // 获取本机名
            String localip = ip.getHostAddress(); // 获取本 IP 地址
            System.out.println("本机名: " + localname);// 将本机名输出
            System.out.println("本机 IP 地址: " + localip); // 将本机 IP 输出
        } catch (UnknownHostException e) {
            e.printStackTrace(); // 输出异常信息
        }
    }
}
```

图9-2 例9-2运行结果

9.3 套接字（Socket）编程

9.3.1 什么是套接字（Socket）

网络上的两个程序通过一个双向的通信连接实现数据的交换，这个双向链路的一端称为一个 Socket。Socket 通常用来实现客户方和服务方的连接。Socket 是 TCP/IP 协议的一个十分流行的编程界面，一个 Socket 由一个 IP 地址和一个端口号唯一确定。

但是，Socket 所支持的协议种类也不只 TCP/IP 一种，因此两者之间是没有必然联系的。在 Java 环境下，Socket 编程主要是指基于 TCP/IP 协议的网络编程。

9.3.2 套接字（Socket）通讯的过程

Server 端 Listen（监听）某个端口是否有连接请求，Client 端向 Server 端发出 Connect（连接）请求，Server 端向 Client 端发回 Accept（接受）消息。一个连接就建立起来了。Server 端和 Client 端都可以通过 Send()、Write()等方法与对方通信。

对于一个功能齐全的 Socket，都要包含以下基本结构，其工作过程包含以下 4 个基本的步骤。

（1）创建 Socket。
（2）打开连接到 Socket 的输入/出流。
（3）按照一定的协议对 Socket 进行读/写操作。
（4）关闭 Socket。

9.3.3 客户端套接字

Socket 类是实现客户端套接字的基础。它采用 TCP 建立计算机之间的连接，并包含了 Java 语言所有对 TCP 有关的操作方法，例如建立连接、传输数据、断开连接等。

1. 创建客户端套接字

Socket 类定义了多个构造方法，它们可以根据 InetAddress 对象或者字符串指定的 IP 地址和端口号创建实例。下面介绍一下 Socket 常用的 4 个构造方法。

（1）Socket（InetAddress address，int port）：使用 address 参数传递的 IP 封装对象和 port 参数指定的端口号创建套接字实例对象。Socket 类的构造方法可能会产生 UnknownHostException 和 IOException 异常，在使用该构造方法创建 Socket 对象时必须捕获和处理这两个异常。例如：

```java
try {
    InetAddress address=InetAddress.getByName("LZW");    // 创建 IP 封装类
    int port=33;                                          // 定义端口号
    Socket socket=new Socket(address,port);              // 创建套接字
} catch (UnknownHostException e) {
    e.printStackTrace();
} catch (IOException e) {
    e.printStackTrace();
}
```

（2）Socket（String host，int port）：使用 host 参数指定的 IP 地址字符串和 port 参数指定的整数类型端口号创建套接字实例对象。例如：

```java
try {
    Socket socket=new Socket("192.168.1.1",33);
} catch (UnknownHostException e) {
    e.printStackTrace();
} catch (IOException e) {
    e.printStackTrace();
}
```

（3）Socket（InetAddress address，int port，InetAddress localAddr，int localPort）：创建一个套接字并将其连接到指定远程地址的指定远程端口。例如：

```java
try {
    InetAddress localHost = InetAddress.getLocalHost();
    InetAddress address = InetAddress.getByName("192.168.1.1");
    Socket socket=new Socket(address,33,localHost,44);
```

```
    } catch (UnknownHostException e) {
        e.printStackTrace();
    } catch (IOException e) {
        e.printStackTrace();
    }
```

（4）Socket（String host，int port，InetAddress localAddr，int localPort）：创建套接字并将其连接到指定远程主机上的指定远程端口。例如：

```
try {
        InetAddress localHost = InetAddress.getLocalHost();
        Socket socket=new Socket("192.168.1.1",33,localHost,44);
    } catch (UnknownHostException e) {
        e.printStackTrace();
    } catch (IOException e) {
        e.printStackTrace();
    }
```

例 9-3 代码及运行结果如图 9-3 所示。

```java
package chap09;
import java.io.IOException;
import java.net.InetAddress;
import java.net.Socket;
import java.net.UnknownHostException;
public class Example9_3 {
    public static void main(String args[]) {
        for (int i = 49152; i <= 49155; i++) {
            try {
                InetAddress localHost = InetAddress.getLocalHost();
                Socket socket = new Socket(localHost, i);
                // 如果不产生异常，输出该端口被使用
                System.out.println("本机已经使用了端口："+i);
            } catch (UnknownHostException e) {
                e.printStackTrace();
            } catch (IOException e) {
                // e.printStackTrace();    // 取消 IOException 异常信息的打印
            }
        }
        System.out.println("执行完毕");
    }
}
```

2. 发送和接收数据

Socket 对象创建成功以后，代表和对方的主机已经建立了连接，可以接收和发送数据了。Socket 提供了两个方法分别获取套接字的输入流和输出流，可以将要发送的数据写入输出流，实现发送功能,或者从输入流读取对方发送的数据,实现接收功能。

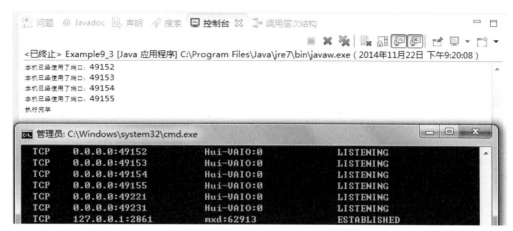

图9-3 例9-3运行结果

(1)接收数据

Socket 对象从数据输入流中获取数据,该输入流中包含对方发送的数据,这些数据可能是文件、图片、音频或视频。所以,在实现接收数据之前,必须使用 getInputStream()方法获取输入流。

语法格式为:socket.getInputStream()

(2)发送数据

Socket 对象使用输出流,向对方发送数据,在实现数据发送之前,必须使用 getOutputStream()方法获取套接字的输出流。

语法格式为:socket.getOutputStream()

9.3.4 服务器端套接字

服务器端的套接字是 ServerSocket 类的实例对象,用于实现服务器程序,ServerSocket 类将监视指定的端口,并建立客户端到服务器端套接字的连接,也就是客户负责呼叫任务。

1. 创建服务器端套接字可以使用 4 种构造方法

(1)ServerSocket():默认构造方法,可以创建未绑定端口号的服务器套接字。服务器套接字的所有构造方法都需要处理 IOException 异常。例如:

```
try {
    ServerSocket server=new ServerSocket();
} catch (IOException e) {
    e.printStackTrace();
}
```

(2)ServerSocket(int port):将创建绑定到 port 参数指定端口的服务器套接字对象,默认的最大连接队列长度为 50,也就是说如果连接数量超出 50 个,将不会再接收新的连接请求。例如:

```
try {
    ServerSocket server=new ServerSocket(9527);
} catch (IOException e) {
    e.printStackTrace();
}
```

（3）ServerSocket（int port, int backlog）：使用 port 参数指定的端口号和 backlog 参数指定的最大连接队列长度创建服务器端套接字对象，这个构造方法可以指定超出 50 个的连接数量，例如 300。例如：

```
try {
    ServerSocket server=new ServerSocket(9527, 300);
} catch (IOException e) {
    e.printStackTrace();
}
```

（4）ServerSocket（int port, int backlog, InetAddress bindAddr）：使用 port 参数指定的端口号和 backlog 参数指定的最大连接队列长度创建服务器端套接字对象，如果服务器有多个 IP 地址，可以使用 bindAddr 参数指定创建服务器套接字的 IP 地址。例如：

```
try {
    InetAddress address= InetAddress.getByName("192.168.1.128");
    ServerSocket server=new ServerSocket(9527,300,address);
} catch (IOException e) {
    e.printStackTrace();
}
```

2. 接受套接字连接

当服务器建立 ServerSocket 套接字对象以后，就可以使用该对象的 accept()方法接受客户端请求的套接字连接。

语法格式为：serverSocket.accept()

该方法被调用之后，将等待客户的连接请求，在接收到客户端的套接字连接请求以后，该方法将返回 Socket 对象，这个 Socket 对象是已经和客户端建立好连接的套接字，可以通过这个 Socket 对象获取客户端的输入/输出流来实现数据发送与接收。

该方法可能会产生 IOException 异常，所以在调用 accept()方法时必须捕获并处理该异常。例如：

```
try {
    server.accept();
} catch (IOException e) {
    e.printStackTrace();
}
```

accept()方法将阻塞当前线程，直到接收到客户端的连接请求为止，该方法之后的任何语句都不会被执行，必须有客户端发送连接请求；accept()方法返回 Socket 套接字以后，当前线程才会继续运行，accept()方法之后的程序代码才会被执行。

9.3.5 开发 Socket

1. 服务器端开发

（1）在服务器端建立 ServerSocket 对象，并且为服务器指定端口号。

```
ServerSocket serverSocket = new ServerSocket(9999);
```

（2）建立一个 Socket 对象，用来监听并响应客户端的请求。

```
//对客户端进行回应：并指明用户（socket）
Socket socket = serverSocket.accept();
String address = socket.getRemoteSocketAddress().toString();
System.out.println("恭喜" + address.split("/")[1] + "已经登录进来了！");
```

（3）通过流读取客户端发送的信息。

```
//建立读消息的对象
BufferedReader br = new BufferedReader(new InputStreamReader(socket.getInputStream()));
while(true){
    String message = br.readLine();
    if(null == message){
        //表明用户断开
        break;
    }
    System.out.println(message);
}
```

（4）根据客户端发送的信息，判断客户端的请求，并响应（双向连接需要发送数据）。

```
//建立发送消息的对象
OutputStream os = socket.getOutputStream();
PrintWriter osw = new PrintWriter(os);
//将读取出来的数据，返回给用户(客户端)
osw.println(message);
//刷新流，使其物理发送信息
osw.flush();
/** 补充：如果要进行双向的功能，只能使用 PrintStream 或者 PrintWriter 发送数据，不能使用 OutputStreamWriter 发送
*/
```

（5）关闭流对象。

```
osw.close();os.close();br.close();socket.close();
```

2. 客户端开发

（1）创建 Socket 对象，建立于服务器的连接。

```
//申请与服务器的连接
Socket socket = new Socket("127.0.0.1", 9999);
```

（2）建立流并发送请求信息。

```
//建立发送消息的对象
OutputStream os = socket.getOutputStream();
PrintWriter osw = new PrintWriter(os);
//发送数据到服务器
osw.println("非常好？");
//刷新缓存
osw.flush();
```

（3）建立读取信息的流，并读取客户端的信息。
（4）关闭相关流对象。

例 9-4　代码及运行结果如图 9-4 所示（服务器端）。

```java
package chap09;
import java.io.BufferedReader;
import java.io.IOException;
import java.io.InputStream;
import java.io.InputStreamReader;
import java.io.PrintWriter;
import java.net.InetAddress;
import java.net.ServerSocket;
import java.net.Socket;
public class Example9_4 {
    public static void main(String args[]) {
        try {
            System.out.println("本机ip:"+InetAddress.getLocalHost().getHostAddress());
            ServerSocket server = new ServerSocket(9527);// 创建服务器到解字
            System.out.println("服务器启动完毕等待客户机连接");
            Socket socket = server.accept();              // 等待客户端连接
            System.out.println("创建客户连接");
            InputStream input = socket.getInputStream();// 获取 Socket 输入
            InputStreamReader isreader = new InputStreamReader(input);
            BufferedReader reader = new BufferedReader(isreader);
            PrintWriter out=new PrintWriter(socket.getOutputStream());//获取socket输出
            while (true) {
                String str = reader.readLine();   //读取下一个文本
                if(str.equals("exit"))            // 如果接收到exit
                    break;                        // 则退出服务器
                System.out.println("接收内容: "+str);   // 输出接收内容
                out.println("已经收到");           //回复信息给客户机
                out.flush();
            }
            System.out.println("连接断开");
```

```
                reader.close();                         // 按顺序关闭连接
                isreader.close();
                input.close();
                out.close();
                socket.close();
                server.close();
        } catch (IOException e) {
            e.printStackTrace();
        }
    }
}
```

图9-4 例9-4运行结果

例9-5 代码及运行结果如图9-5所示(客户端)。

```
package chap09;
import java.io.BufferedReader;
import java.io.IOException;
import java.io.InputStreamReader;
import java.io.OutputStream;
import java.net.InetAddress;
import java.net.Socket;
import java.net.UnknownHostException;
public class Example9_4_2{
    public static void main(String[] args) {
        try {
            System.out.println("本机ip:"+InetAddress.getLocalHost().getHostAddress());
            Socket socket=new Socket("192.168.136.137",9527); // 创建连接服务器的Socket
            OutputStream out = socket.getOutputStream();// 获取Socket输出
            out.write("这是我第一次访问服务器\n".getBytes());// 向服务器发送数据
            out.write("Hello \n".getBytes());
            out.write("exit\n".getBytes());              // 发送退出信息
            //获取Socket输入
            BufferedReader in=new BufferedReader(new InputStreamReader(socket.getInputStream()));
```

```
            System.out.println("收到的回复内容: "+in.readLine()); // 读取文本并打印
        } catch (UnknownHostException e) {
            e.printStackTrace();
        } catch (IOException e) {
            e.printStackTrace();
        }
    }
}
```

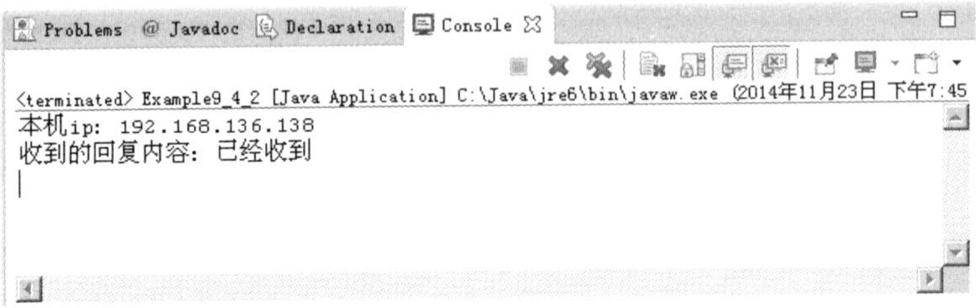
Problems @ Javadoc Declaration Console
<terminated> Example9_4_2 [Java Application] C:\Java\jre6\bin\javaw.exe (2014年11月23日 下午7:45
本机ip: 192.168.136.138
收到的回复内容: 已经收到

图9-5　例9-5运行结果

9.4 数据报编程

Java 语言可以使用 TCP 和 UDP 两种通信协议实现网络通信，其中 TCP 通信由 Socket 套接字实现，而 UDP 通信需要使用 DatagramSocket 类实现。

UDP 传递信息的速度更快，但是没有 TCP 的高可靠性，当用户通过 UDP 发送信息之后，无法确定能否正确地传送到目的地。虽然 UDP 是一种不可靠的通信协议，但是大多数场合并不需要严格的、高可靠性的通信，它们需要的是快速的信息发送，并能容忍一些小的错误，那么使用 UDP 通信来实现会更合适一些。

UDP 将数据打包，也就是通信中所传递的数据包，然后将数据包发送到指定目的地，对方会接收数据包，然后查看数据包中的数据。

9.4.1 DatagramPacket 类

DatagramPacket 类是 UDP 所传递的数据包，即打包后的数据。数据包用来实现无连接包投递服务。每个数据包仅根据包中包含的信息从一台计算机传送到另一台计算机，传送的多个包可能选择不同的路由，也可能按不同的顺序到达。

DatagramPacket 类提供了多个构造方法用于创建数据包的实例，下面介绍最常用的两个。

（1）DatagramPacket（byte[] buf，int length）：用来创建数据包实例，这个数据包实例将接收长度为 length 的数据包。

（2）DatagramPacket（byte[] buf，int length，InetAddress address，int port）：创建数据包实例，用来将长度为 length 的数据包发送到 address 参数指定地址和 port 参数指定端口号的主机。length 参数必须小于等于 buf 数组的长度。

9.4.2 DatagramSocket 类

DatagramSocket 类是用于发送和接收数据的数据报套接字。数据报套接字是数据包传送服务的发送或接收点。要实现 UDP 通信的数据发送就必须创建数据报套接字。

DatagramSocket 类提供了多个构造方法用于创建数据报套接字,下面介绍最常用的 3 个构造方法。

(1) DatagramSocket()

默认的构造方法,该构造方法将使用本机任何可用的端口创建数据报套接字实例。在创建 DatagramSocket 类的实例时,有可能会产生 SocketException 异常,所以在创建数据报套接字时,应该捕获并处理该异常。

(2) DatagramSocket (int port):创建数据报套接字并将其绑定到 port 参数指定的本机端口,端口号取值必须在 0~65535(包括两者)。

(3) DatagramSocket (int port,InetAddress laddr):创建数据报套接字,将其绑定到 laddr 参数指定的本机地址和 port 参数指定的本机端口号。本机端口号取值必须在 0~65535(包括两者)。

例 9-6 代码及运行结果如图 9-6 所示(服务器端)。

```java
package chap09;
import java.io.IOException;
import java.net.DatagramPacket;
import java.net.DatagramSocket;
import java.net.InetAddress;
import java.net.SocketException;
public class Example9_5 {
    public static void main(String args[]) {
        byte[] buf = new byte[1024];
        DatagramPacket dp1 = new DatagramPacket(buf, buf.length);
        try {
            System.out.println("本机ip:"+InetAddress.getLocalHost().getHostAddress());
            DatagramSocket Datasocket = new DatagramSocket(9527);
            Datasocket.receive(dp1);
            String message = new String(dp1.getData(),0,dp1.getLength());
            String ip = dp1.getAddress().getHostAddress();
            System.out.println("从" + ip + "发送来了消息: " + message);
        } catch (SocketException e) {
            e.printStackTrace();
        } catch (IOException e) {
            e.printStackTrace();
        }
    }
}
```

图9-6　例9-6运行结果

例9-7　代码及运行结果如图9-7所示（客户端）。

```java
package chap09;
import java.io.IOException;
import java.net.DatagramPacket;
import java.net.DatagramSocket;
import java.net.InetAddress;
import java.net.UnknownHostException;
public class Example9_5_2{
    public static void main(String[] args) {
        try {
            System.out.println("本机ip:"+InetAddress.getLocalHost().getHostAddress());
            InetAddress address = InetAddress.getByName("192.168.136.137");
            DatagramSocket Datasocket=new DatagramSocket();
            byte[] data = "hello,这是我第一次访问服务器".getBytes();
            DatagramPacket dp=new DatagramPacket(data,data.length,address,9527);
            Datasocket.send(dp);
        } catch (UnknownHostException e) {
            e.printStackTrace();
        } catch (IOException e) {
            e.printStackTrace();
        }
    }
}
```

图9-7　例9-7运行结果

习题九

一、选择题

1. 以下 IP 地址的写法中正确的是（　　）。
   A. 202.114.105.93.93
   B. 265.113.105.93
   C. 265.113_105.93
   D. 202.113.105.93
2. 下面哪个选项正确创建 socket 连接（　　）。
   A. Socket s = new Socket(8080);
   B. B Socket s = new Socket("192.168.1.1", "8080")
   C. SocketServer s = new Socket(8080);
   D. Socket s = new SocketServer("192.168.1.1", "8080")
3. 以下关于 SocketServer 和 Socket 的论述中错误的是（　　）。
   A. AppletContext 接口的 showDocument 方法能够显示 URL 路径中的文件
   B. Socket 使用的是浏览器/服务器（B/S）通信模式
   C. ServerSocket 类的 accept 方法的功能是接受客户端的连接请求
   D. java.applet 包实现了 AppletContext 接口
4. 以下关于服务器端和客户端使用 ServerSocket 和 Socket 的论述中错误的是（　　）。
   A. 服务器端套接字用 ServerSocket 类
   B. 客户端套接字使用的是 Socket 类
   C. 两台计算机进行双向通信时，每台计算机都必须同时使用 ServerSocket 和 Socket
   D. 两台计算机进行双向通信时，每台计算机必须分别使用 ServerSocket 和 Socket
5. Java 提供哪个类来进行有关 Internet 地址的操作（　　）。
   A. Socket
   B. ServerSocket
   C. DatagramSocket
   D. InetAddress
6. Java 程序中，使用 TCP 套接字编写服务端程序的套接字类是（　　）。
   A. Socket
   B. ServerSocket
   C. DatagramSocket
   D. DatagramPacket
7. 使用 UDP 套接字通信时，常用哪个类把要发送的信息打包？（　　）
   A. String
   B. DatagramSocket
   C. MulticastSocket
   D. DatagramPacket
8. 使用 UDP 套接字通信时，哪个方法用于接收数据（　　）。
   A. read()　　B. receive()　　C. accept()　　D. Listen()

二、填空题

1. 要通过互联网进行通信，至少需要一对套接字，一个运行于客户机端，称为_____，另一个运行于服务器端，称为_____。
2. Java 的网络操作功能主要包括在_____包中，该包中包含了访问各种标准网络协议的类库。
3. 每一台连接在 Internet 上的计算机都有称为 IP 地址的唯一的标识，IP 地址用_____个字节，共_____位二进制数组成。

4. Socket 是建立在稳定连接基础上的_____通信模式。

三、简答题

1. 简单描述 Socket 连接的过程。
2. Java 中对象之间的通讯采用什么方法。

四、程序题

编写一个简单的客户机/服务器程序，通过客户机向服务器指定端口发信息。服务器打印客户机发来的信息，直到接收到客户端发送的"end"信息后输出该信息并关闭端口和连接，结束程序的运行，而客户端也结束运行（提示：参照课本"例子 9-4"和"例子 9-5"程序来完成）。

第 10 章 JDBC 数据库编程

【本章导读】

　　软件的本质就是处理数据，而在商业应用中，数据往往需要专门的数据库来存放。所以在软件开发过程中，几乎所有的项目都要使用到数据库。那么，在 Java 项目中是如何对数据库进行操作的呢？这就需要用到 Java 数据库编程。

　　本章主要介绍 Java 数据库编程的基本知识和 JDBC 应用，主要包括 JDBC 概述、编写 JDBC 应用程序基本流程，数据库查询、插入、删除和修改操作。通过本章学习，让读者能编写简单的数据库访问程序。

【学习目标】
- 了解 JDBC 的概念
- 了解 JDBC 应用程序开发流程
- 熟练掌握 JDBC 连接数据库的方法
- 能够编写 Java 程序完成对数据库的增、删、改、查操作
- 掌握数据库元数据的操作
- 了解 JDBC 事务管理

10.1 JDBC 入门

10.1.1 JDBC 概述

JDBC 是 Java DataBase Connectivity（Java 数据连接）技术的简称，是一种可用于执行 SQL 语句的 Java API。它由一些 Java 语言编写的类和接口组成。JDBC 为数据库应用开发人员、数据库前台工具开发人员提供了一种标准的应用程序设计接口，使开发人员可以用纯 Java 语言编写完整的数据库应用程序。

JDBC 主要功能包括以下 3 方面。

（1）与数据库建立连接。

（2）向数据库发送 SQL 语句。

（3）处理数据返回的结果。

10.1.2 JDBC 的类与接口

1. JDBC 有两个程序包

- java.sql：核心包，这个包中的类主要完成数据库的基本操作，如生成连接、执行 SQL 语句、预处理 SQL 语句等。
- javax.sql：扩展包，主要为数据库方面的高级操作提供了接口和类。

2. JDBC 常用类和接口

- Driver 接口：在内部创建连接。
- DriverManager 类：装入所需的驱动程序，编程时调用它的方法来创建连接。
- Connection 接口：编程时使用该类对象创建 Statement 对象或 PreparedStatement 对象等。
- Statement 接口：编程时使用该类对象得到 ResultSet 对象。
- PreparedStatement 接口：预处理 SQL 语句接口。
- ResultSet 接口：结果集接口。
- ResultSetMetaData 接口：结果集的元数据接口。
- DatabaseMetaData 接口：数据库的元数据接口。

10.1.3 JDBC 实现原理

JDBC 的实现包括 3 部分，如图 10-1 所示。

（1）JDBC 驱动管理器：java.sql.DriverManger 类，由 Sun 公司实现，负责注册特定 JDBC 驱动器，以及根据特定驱动器建立与数据库的连接。

（2）JDBC 驱动器 API：由 Sun 公司制定，其中最主要的接口是 java.sql.Driver。

（3）JDBC 驱动器：由数据库供应商或者其他第三方工具提供商创建，也称为 JDBC 驱动程序。JDBC 驱动器实现了 JDBC 驱动器 API，负责与特定的数据库连接，以及处理通信细节。JDBC 驱动器可以注册到 JDBC 驱动管理器中。

Sun 公司制定了两套 API。

- JDBC API：Java 应用程序通过它来访问各种数据库。

● JDBC 驱动器 API：当数据库供应商或者其他第三方工具提供商为特定数据库创建 JDBC 驱动器时，该驱动器必须实现 JDBC 驱动器 API。

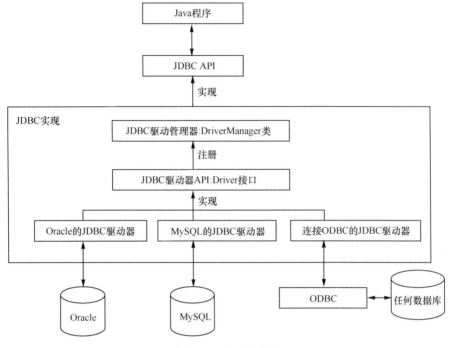

图10-1　JDBC的实现

10.1.4　JDBC 驱动程序分类

JDBC 驱动程序分成 4 种类型。

（1）类型 1：驱动程序基于 JDBC-ODBC 桥，它是把 JDBC 操作翻译成对应的 ODBC 调用，故称为 JDBC-ODBC 桥式。适用于快速的原型系统，没有提供 JDBC 驱动的数据库，如 Access。它的优点是可以访问所有 ODBC 能够访问的数据库。它的缺点是执行效率低。

（2）类型 2：要求客户端（指使用数据端）必须安装开发商的数据库软件，然后使用 Java 语言通过本地类访问数据库，故称为本地 API 半 Java 驱动程序。它的优点是运行速度快，得到较广泛使用。它的缺点是使用了本地 API，通常不能跨平台。

（3）类型 3：使用中间件服务器实现数据的连接，故称为中间数据访问服务器。例如，WebLogic 的数据池就是属于这种类型。通常由那些非数据库厂商提供，是 4 种类型中最小的。它的优点是与平台无关，客户端不需要安装其他软件，也不用管理。它的缺点是使用了第三方服务器。

（4）类型 4：使用厂商专有的网络协议把 JDBC API 调用转换成直接的网络调用，纯 Java 的驱动程序运行在客户端，不需要中间服务器，整个访问数据库的过程均由 Java 语言实现。它的优点是高性能，适用于 Internet。它的缺点是每一个数据库的连接随数据库开发商的不同而不同。

类型 3、类型 4 的驱动程序具有移植性好、跨平台等特点。因此，实际应用时应尽量使用它们，而类型 1、类型 2 则为次要的选择。

10.2 JDBC 开发

10.2.1 数据库连接的主要步骤

Java 应用程序进行数据库连接的主要步骤如下。

（1）创建数据源（使用 JDBC-ODBC 桥式驱动程序时必需，本书不采用该类型驱动，此处可以省略）。
（2）加载 JDBC 驱动程序。
（3）建立一个数据库的连接。
（4）创建一个 statement。
（5）执行 SQL 语句。
（6）处理结果。
（7）关闭连接。

下面对这些步骤进行详细解释。

10.2.2 加载 JDBC 驱动程序

1. 下载驱动程序

首先根据不同的数据库下载对应厂商提供的驱动程序，本书采用的 SQL Server 2008 数据库，SQL Server 2008 版本要引入的是 sqljdbc2.0 驱动——Microsoft SQL Server JDBC Driver，下载地址是 http://www.microsoft.com/zh-cn/download/details.aspx?id=11774，下载文件为 sqljdbc_4.0.2206.100_chs.tar.gz，如图 10-2 所示。

图10-2

解压后运行里面的程序就可以得到 sqljdbc4.jar 和 sqljdbc.jar，这里用的是 sqljdbc4.jar，如图 10-3 所示。

2. Eclipse 引包

右键单击创建的 Java 工程，找到 Build path，选择 Add External Archives，找到要导入的包，单击打开就可以引入了，引入后在工程下面的 Referencede Libraries 下便能显示这个包，如图 10-4 至图 10-6 所示。

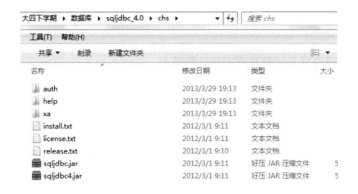

图10-3

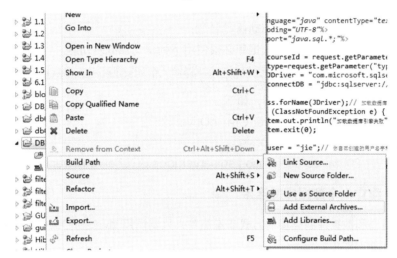

图10-4

找到要导入的包，单击打开就可以引入了。

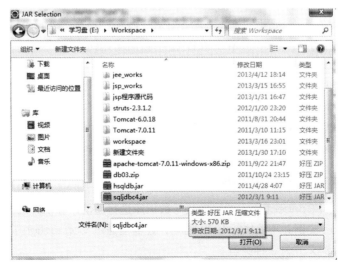

图10-5

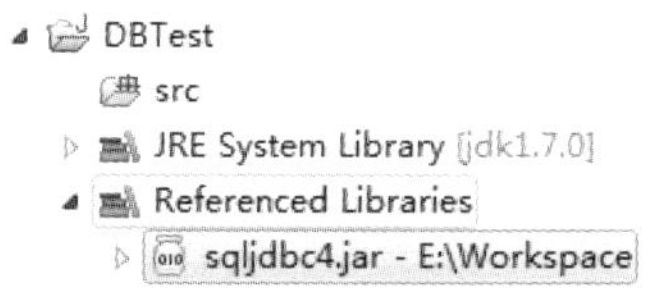

引入后在工程下面的 Referencede Libraries 下便能显示这个包。

3. 在 Java 代码中显示加载数据库驱动程序类

在与数据库建立连接之前，必须先加载欲连接数据库的驱动程序到 JVM（Java 虚拟机）中，加载方法为通过 java.lang.Class 类的静态方法 forName（String className）；成功加载后，会将加载的驱动类注册给 Driver Manager 类；如果加载失败，将抛出 ClassNotFoundException 异常，即未找到指定的驱动类，所以需要在加载数据库驱动类时捕捉可能抛出的异常。

通常情况下将负责加载数据库驱动的代码放在 static 块中，因为 static 块的特点是只在其所在类第一次被加载时执行，即第一次访问数据库时执行，这样就可以避免反复加载数据库驱动，减少对资源的浪费，同时提高访问数据库的速度。

语法格式：Class.forName（"驱动器类名"）；

例如，访问 SQL Server 2008 数据库必须使用下列语句加载驱动器。

```
Class.forName("com.microsoft.sqlserver.jdbc.SQLServerDriver ");
```

图10-6

不同数据库厂商的驱动类名不同，如下。
- Oracle 10g：oracle.jdbc.driver.OracleDriver。
- MySQL 5：com.mysql.jdbc.Driver。
- SQL Server 2008：com.microsoft.sqlserver.jdbc.SQLServerDriver。

10.2.3 建立一个数据库的连接

JDBC 中建立和数据库的连接的方式非常简单，只要调用 java.sql.DriverManager 类的静态方法 getConnectin() 即可。

语法格式：Connection conn = DriverManager.getConnection(url, "用户名", "密码");

其中，url 类似于互联网的地址，它由 3 部分组成，即协议、子协议和数据源标识，协议通常是 JDBC，子协议是接受 DBMS 的名称和版本，数据源标识通常是数据源。

不同数据库产品的连接 url 不同，如下。
- Oracle 10g：jdbc:oracle:thin:@主机名:端口:数据库 SID。

例如，jdbc:oracle:thin:@localhost:1521:ORCL
- MySQL 5：jdbc:mysql://主机名:端口/数据库名。

例如，jdbc:mysql://localhost:3306/ TestDB
- SQL Server 2008：jdbc:sqlserver://主机名:端口:DatabaseName=库名。

例如，jdbc:sqlserver://localhost:1433:DatabaseName=TestDB

10.2.4 创建一个 statement

建立数据库连接（Connection）的目的是与数据库进行通信，实现方法为执行 SQL 语句，但是通过 Connection 实例并不能执行 SQL 语句，还需要通过 Connection 实例创建 Statement 实例，Statement 实例又分为 3 种类型。

（1）Statement 实例：该类型的实例只能用来执行静态的 SQL 语句。

（2）PreparedStatement 实例：该类型的实例增加了执行动态 SQL 语句的功能。

（3）CallableStatement 实例：该类型的实例增加了执行数据库存储过程的功能。

上面给出 3 种不同的类型中 Statement 是最基础的；PreparedStatement 继承 Statement，并做了相应的扩展；而 CallableStatement 继承了 PreparedStatement，又做了相应的扩展。

语法格式：Statement stmt = conn.createStatement( );

或是：Statement　stmt = conn.createStatement(ResultSet.TYPE_SCROLL_SENSITIVE, ResultSet.CONCUR_UPDATABLE);

//ResultSet.TYPE_SCROLL_SENSITIVE 数据集支持指针滚动，ResultSet.CONCUR_UPDATABLE 数据库更新是客户端同步更新

在 10.3 节将详细介绍各种类型实例的使用方法。

10.2.5　执行 SQL 语句

通过 Statement 接口的 executeUpdate()方法或 executeQuery()方法，可以执行 SQL 语句，同时将返回执行结果，如果执行的是 executeUpdate()方法，将返回一个 int 型数值，代表影响数据库记录的条数，即插入、修改或删除记录的条数；如果执行的是 executeQuery()方法，将返回一个 ResultSet 型的结果集，其中不仅包含所有满足查询条件的记录，还包含相应数据表的相关信息，如每一列的名称、类型和列的数量等。

10.2.6　处理结果

对于 executeUpdate()方法，直接打印出结果即可。若是执行 executeQuery()方法，由于返回的是结果集，需要对结果集进行处理。

ResultSet 对象具有指向其当前数据行的光标。最初，光标被置于第一行之前。ResultSet 提供了指针下移的 next()方法。指针可以不断下移，直到最后。因为该方法在 ResultSet 对象没有下一行时返回 false，所以可以在 while 循环中使用它来迭代结果集。

10.2.7　关闭连接

在建立 Connection、Statement 和 ResultSet 实例时，均需占用一定的数据库和 JDBC 资源，所以每次访问数据库结束后，应该及时销毁这些实例，释放它们占用的所有资源，方法是通过各个实例的 close()方法，执行 close()方法时建议按照如下的顺序。

- resultSet.close();
- statement.close();
- connection.close();

按上面的顺序关闭的原因在于 Connection 是一个接口，close()方法的实现方式可能多种多样。

10.3　操作数据库

访问数据库的目的是操作数据库，包括向数据库插入记录或修改、删除数据库中的记录，或

者是从数据库中查询符合一定条件的记录，这些操作既可以通过静态的 SQL 语句实现，也可以通过动态的 SQL 语句实现，还可以通过存储过程实现，具体采用的实现方式要根据实际情况而定。

在增、删、改数据库中的记录时，分为单条操作和批量操作，单条操作又分为一次只操作一条记录和一次只执行一条 SQL 语句，批量操作又分为通过一条 SQL 语句（只能是 UPDATE 和 DELETE 语句）操作多条记录和一次执行多条 SQL 语句。

10.3.1 创建数据库和表

在对数据库进行操作前，先建立相对应的数据库和表格。

1. 建数据库

如图 10-7 所示，在对象资源管理器中先建好数据库 TestDB。

图10-7　创建数据库

2. 建表格

如图 10-8 所示，在数据库 TestDB 中建立表格 student。

图10-8　建立表格

3. 输入记录

如图 10-9 所示，在表格 student 中插入两条记录。

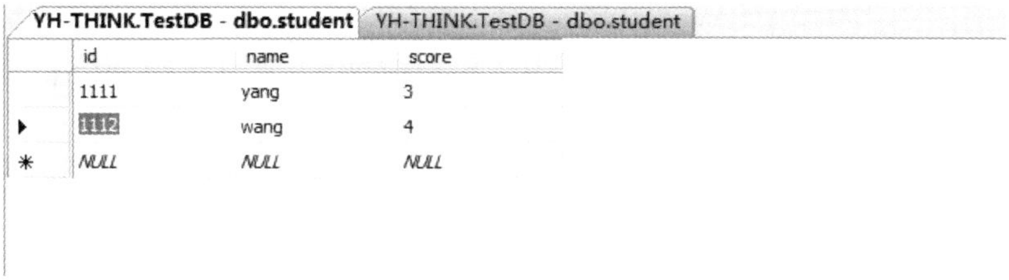

id	name	score
1111	yang	3
1112	wang	4
NULL	NULL	NULL

图10-9　插入记录

10.3.2　添加数据

在添加记录时，一条 INSERT 语句只能添加一条记录。如果只需要添加一条记录，通常情况下通过 Statement 实例完成。也可以利用 PreparedStatement 实例通过执行动态 INSERT 语句完成，还可以利用 CallableStatement 实例通过执行存储过程完成。

Statement 接口用来执行静态的 SQL 语句，并返回执行结果。

例 10-1　通过 Statement 实例完成代码及运行结果，如图 10-10 所示。

```java
package chap10;
import java.sql.Connection;
import java.sql.DriverManager;
import java.sql.ResultSet;
import java.sql.SQLException;
import java.sql.Statement;
public class JDBCDemo1{
    private static final String URL = "jdbc:sqlserver://127.0.0.1:1433;DatabaseName=TestDB";
    private static final String USERNAME ="root";
    private static final String PASSWORD ="root";
    static {
        try {
            Class.forName("com.microsoft.sqlserver.jdbc.SQLServerDriver");
            System.out.println("驱动程序加载成功");
        } catch (ClassNotFoundException e) {
            e.printStackTrace(); // 输出捕获到的异常信息
        }
    }
    public static void main(String[] args) {
        try {
            Connection conn = DriverManager.getConnection(URL, USERNAME, PASSWORD);
            System.out.println("连接数据库成功");
            Statement stmt = conn.createStatement();// 创建 SQL 命令对象
            System.out.println("开始插入数据");
            String sql = "insert into student(id,name,score) values(1113,'zhang',5)";
```

```java
            stmt.executeUpdate(sql);// 执行 INSERT 语句
            System.out.println("插入数据成功");
            System.out.println("开始读取数据");
            ResultSet rs = stmt.executeQuery("SELECT * FROM student");// 返
回 SQL 语句查询结果集(集合)
            // 循环输出每一条记录
            while (rs.next()) {
                // 输出每个字段
                System.out.println(rs.getString("id") + "\t"
                        + rs.getString("name")+ "\t"+rs.getString("score"));
            }
            System.out.println("读取完毕");
            // 关闭连接
            rs.close();
            stmt.close();// 关闭命令对象连接
            conn.close();// 关闭数据库连接
        } catch (SQLException e) {
            e.printStackTrace();
        }
    }
}
```

```
驱动程序加载成功
连接数据库成功
开始插入数据
插入数据成功
开始读取数据
1111    yang    3
1112    wang    4
1113    zhang   5
读取完毕
```

图10-10 例10-1运行结果

PreparedStatement 接口继承并扩展了 Statement 接口，用来执行动态的 SQL 语句，即包含参数的 SQL 语句。通过 PreparedStatement 实例执行的动态 SQL 语句将被预编译并保存到 PreparedStatement 实例中，从而可以反复并且高效地执行该 SQL 语句。

需要注意的是，在通过 setXxx()方法为 SQL 语句中的参数赋值时，建议利用与参数类型匹配的方法，也可以利用 setObject()方法为各种类型的参数赋值。

例 10-2 通过 PreparedStatement 实例完成代码及运行结果，如图 10-11 所示。

```java
package chap10;
import java.sql.Connection;
import java.sql.DriverManager;
import java.sql.PreparedStatement;
import java.sql.SQLException;
```

```java
public class JDBCDemo2{
    private static final String URL = "jdbc:sqlserver://127.0.0.1:1433;DatabaseName=TestDB";
    private static final String USERNAME = "root";
    private static final String PASSWORD = "root";
    static {
        try {
            Class.forName("com.microsoft.sqlserver.jdbc.SQLServerDriver");
        } catch (ClassNotFoundException e) {
            e.printStackTrace(); // 输出捕获到的异常信息
        }
    }
    public static void main(String[] args) {
        try {
            Connection conn = DriverManager.getConnection(URL, USERNAME,
                PASSWORD);
            String[][] records = { { "1114", "马先生" ,"3"}, { "1115", "齐小姐" ,"6"} };
            String sql = "insert into student(id,name,score) values(?,?,?)"; // 定义动态 INSERT 语句
            PreparedStatement prpdStmt = conn.prepareStatement(sql); // 预处理动态 INSERT 语句
            prpdStmt.clearBatch(); // 清空 Batch
            for (int i = 0; i < records.length; i++) {
                prpdStmt.setInt(1, Integer.valueOf(records[i][0])); // 为参数赋值
                prpdStmt.setString(2, records[i][1]); // 为参数赋值
                prpdStmt.setDouble(3, Double.valueOf(records[i][2]));
                prpdStmt.addBatch(); // 将 INSERT 语句添加到 Batch 中
            }
            prpdStmt.executeBatch(); // 批量执行 Batch 中的 INSERT 语句
            prpdStmt.close();
            conn.close();
        } catch (SQLException e) {
            e.printStackTrace();
        }
    }
}
```

```
1111    yang     3
1112    wang     4
1113    zhang    5
1114    马先生    3
1115    齐小姐    6
```

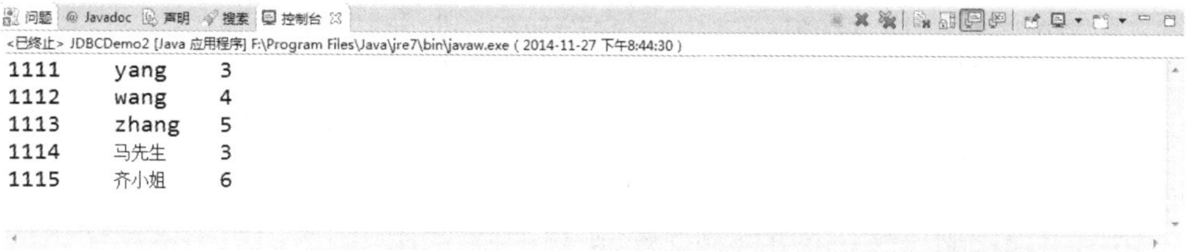

图10-11 例10-2运行结果

CallableStatement 接口继承并扩展了 PreparedStatement 接口，用来执行 SQL 的存储过程。

JDBC API 定义了一套存储过程 SQL 转义语法，该语法允许对所有 RDBMS 通过标准方式调用存储过程。该语法定义了两种形式，分别是包含结果参数的形式和不包含结果参数的形式，如果使用结果参数，则必须将其注册为 OUT 型参数，参数是根据定义位置按顺序引用的，第一个参数的索引为 1。

为参数赋值的方法使用从 PreparedStatement 类中继承来的 setXxx() 方法。在执行存储过程之前，必须注册所有 OUT 参数的类型，它们的值是在执行后通过 getXxx() 方法获得的。

CallableStatement 接口可以返回一个或多个 ResultSet 对象。处理多个 ResultSet 对象的方法是从 Statement 中继承来的。

例 10-3 通过 CallableStatement 实例完成步骤。

（1）建存储过程。

如图 10-12 所示，在数据库中先建立存储过程 pro_insert。

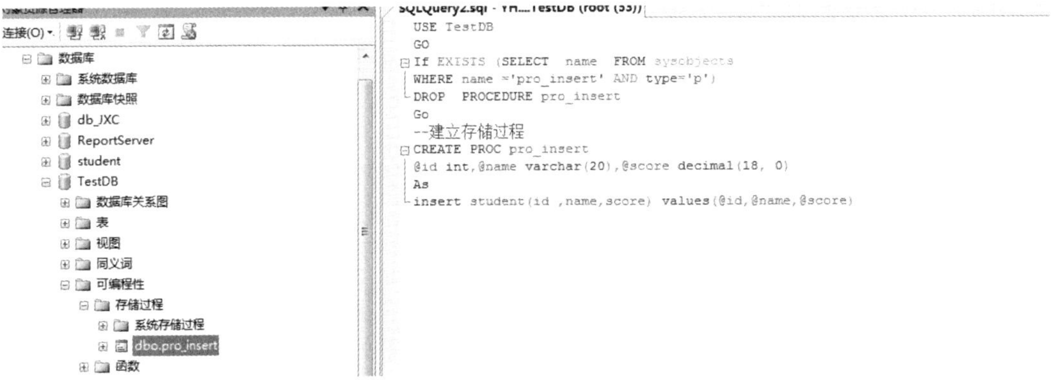

图10-12 存储过程pro_insert建立

（2）通过 CallableStatement 实例完成代码。

```java
package chap10;
import java.sql.CallableStatement;
import java.sql.Connection;
import java.sql.DriverManager;
import java.sql.ResultSet;
import java.sql.SQLException;
import java.sql.Statement;
public class JDBCDemo3 {
    private static final String URL = "jdbc:sqlserver://127.0.0.1:1433;DatabaseName=TestDB";
    private static final String USERNAME = "root";
    private static final String PASSWORD = "root";
    static {
        try {
            Class.forName("com.microsoft.sqlserver.jdbc.SQLServerDriver");
        } catch (ClassNotFoundException e) {
            e.printStackTrace(); // 输出捕获到的异常信息
```

```java
        }
    }
    public static void main(String[] args) {
        try {
            Connection conn = DriverManager.getConnection(URL, USERNAME,
                PASSWORD);
            String[][] records = { { "1114", "马先生" ,"3"}, { "1115", "齐小姐" ,"6"} };
            CallableStatement cablStmt = conn
                .prepareCall("{call pro_insert(?,?,?)}"); // 调用存储过程
            cablStmt.clearBatch(); // 清空 Batch
            for (int i = 0; i < records.length; i++) {
                cablStmt.setInt(1, Integer.valueOf(records[i][0])); // 为参数赋值
                cablStmt.setString(2, records[i][1]); // 为参数赋值
                cablStmt.setDouble(3,  Double.valueOf(records[i][2]));// 为参数赋值
                cablStmt.addBatch(); // 将 INSERT 语句添加到 Batch 中
            }
            cablStmt.executeBatch(); // 批量执行 Batch 中的 INSERT 语句
            Statement stmt = conn.createStatement();// 创建 SQL 命令对象
            ResultSet rs = stmt.executeQuery("SELECT * FROM student");// 返回 SQL 语句查询结果集(集合)
            // 循环输出每一条记录
            while (rs.next()) {
                // 输出每个字段
                System.out.println(rs.getString("id") + "\t"
                    + rs.getString("name")+ "\t"+rs.getString("score"));
            }
            cablStmt.close();
            rs.close();
            stmt.close();// 关闭命令对象连接
            conn.close();
        } catch (SQLException e) {
            e.printStackTrace();
        }
    }
}
```

10.3.3 查询数据

在查询数据时，既可以利用 Statement 实例通过执行静态 SELECT 语句完成，也可以利用 PreparedStatement 实例通过执行动态 SELECT 语句完成，还可以利用 CallableStatement 实例通过执行存储过程完成。

（1）利用 Statement 实例通过执行静态 SELECT 语句查询数据的典型代码如下。

```
ResultSet rs = stmt.executeQuery("SELECT * FROM student where name='zhang'");
```

（2）利用 PreparedStatement 实例通过执行动态 SELECT 语句查询数据的典型代码如下。

```
String sql = "select * from student where name=?";
PreparedStatement prpdStmt = conn.prepareStatement(sql);
prpdStmt.setString(1, "zhang");
ResultSet rs = prpdStmt.executeQuery();
```

（3）利用 CallableStatement 实例通过执行存储过程查询数据的典型代码如下。

```
String call = "{call pro_record_select_by_name(?)}";
CallableStatement cablStmt = conn.prepareCall(call);
cablStmt.setString(1, "zhang");
ResultSet rs = cablStmt.executeQuery();
```

10.3.4 修改数据

在修改数据时，即可以利用 Statement 实例通过执行静态 UPDATE 语句完成，也可以利用 PreparedStatement 实例通过执行动态 UPDATE 语句完成，还可以利用 CallableStatement 实例通过执行存储过程完成。

（1）利用 Statement 实例通过执行静态 UPDATE 语句修改数据的典型代码如下。

```
String sql="update student set score=10 where name='zhang'";
stmt.executeUpdate(sql);
```

（2）利用 PreparedStatement 实例通过执行动态 UPDATE 语句修改数据的典型代码如下。

```
String sql = "update student set score =? where name =?";
PreparedStatement prpdStmt = conn.prepareStatement(sql);
prpdStmt.setInt(1, 10);
prpdStmt.setString(2, "zhang");
prpdStmt.executeUpdate();
```

（3）利用 CallableStatement 实例通过执行存储过程修改数据的典型代码如下。

```
String call = "{call pro_record_update_score_by_ name (?,?)}";
CallableStatement cablStmt = conn.prepareCall(call);
cablStmt.setInt(1, 10);
cablStmt.setString(2, "zhang");
cablStmt.executeUpdate();
```

10.3.5 删除数据

在删除数据时，既可以利用 Statement 实例通过执行静态 DELETE 语句完成，也可以利用 PreparedStatement 实例通过执行动态 DELETE 语句完成，还可以利用 CallableStatement 实例通过执行存储过程完成。

（1）利用 Statement 实例通过执行静态 DELETE 语句删除数据的典型代码如下。

```
String sql="delete from student where name='zhang'";
stmt.executeUpdate(sql);
```

（2）利用 PreparedStatement 实例通过执行动态 DELETE 语句删除数据的典型代码如下。

```
String sql = "delete from student where name=?";
PreparedStatement prpdStmt = conn.prepareStatement(sql);
prpdStmt.setString(1, "zhang");           // 为日期型参数赋值
prpdStmt.executeUpdate();
```

（3）利用 CallableStatement 实例通过执行存储过程删除数据的典型代码如下。

```
String call = "{call pro_record_delete_by_ name(?)}";
CallableStatement cablStmt = conn.prepareCall(call);
cablStmt.setString(1, "zhang");        // 为日期型参数赋值
cablStmt.executeUpdate();
```

无论利用哪个实例删除数据，都需要执行 executeUpdate()方法，这时才真正执行 DELETE 语句，删除数据库中符合条件的记录，该方法将返回一个 int 型数，值为被删除记录的条数。

10.4 批处理

当需要向数据库发送一批 SQL 语句执行时，应避免向数据库一条条地发送执行，而应采用 JDBC 的批处理机制，以提升执行效率。

批处理有以下几个常用方法。
- addBatch(sql)：添加需要批处理的 SQL。
- executeBatch()：执行批处理命令。
- clearBatch()：清除批处理命令。

10.4.1 Statement 批处理

例 10-4 通过 Statement 批处理完成代码。

```java
package chap10;
import java.sql.CallableStatement;
import java.sql.Connection;
import java.sql.DriverManager;
import java.sql.PreparedStatement;
import java.sql.ResultSet;
import java.sql.SQLException;
import java.sql.Statement;
public class JDBCDemo4{
    private static final String URL = "jdbc:sqlserver://127.0.0.1:1433;DatabaseName=TestDB";
    private static final String USERNAME ="root";
```

```java
        private static final String PASSWORD ="root";
    static {
        try {
            Class.forName("com.microsoft.sqlserver.jdbc.SQLServerDriver");
            System.out.println("驱动程序加载成功");
        } catch (ClassNotFoundException e) {
            e.printStackTrace(); // 输出捕获到的异常信息
        }
    }
    public static void main(String[] args) {
        try {
            Connection conn = DriverManager.getConnection(URL, USERNAME, PASSWORD);
            Statement stmt = conn.createStatement();// 创建 SQL 命令对象
            String sql1 = "insert into student(id,name,score) values(1113,'zhang',5)";
            String sql2 = "insert into student(id,name,score) values(1114,'li',6)";
            String sql3="update student set score=10 where name='zhang'";
            stmt.addBatch(sql1);
            stmt.addBatch(sql2);
            stmt.addBatch(sql3);
            stmt.executeBatch();
            stmt.close();// 关闭命令对象连接
            conn.close();// 关闭数据库连接
            System.out.println("程序结束");
        } catch (SQLException e) {
            e.printStackTrace();
        }
    }
}
```

采用 Statement 批处理方式优缺点如下。

- 优点：可以向数据库发送多条不同的 SQL 语句。
- 缺点：SQL 语句没有预编译。当向数据库发送多条语句相同，但参数不同的 SQL 语句时，需重复写上很多条 SQL 语句。例如：

```
String sql1 = "insert into student(id,name,score) values(1113,'zhang',5)";
String sql2 = "insert into student(id,name,score) values(1114,'li',6)";
```

10.4.2 PreparedStatement 批处理

在 10.3.2 的例 10-2 中，已采用了 PreparedStatement 批处理，代码如下。

```
PreparedStatement prpdStmt = conn.prepareStatement(sql); // 预处理动态 INSERT 语句
prpdStmt.clearBatch(); // 清空 Batch
for (int i = 0; i < records.length; i++) {
```

```
            prpdStmt.setInt(1, Integer.valueOf(records[i][0]));  // 为参数赋值
            prpdStmt.setString(2, records[i][1]);  // 为参数赋值
            prpdStmt.setDouble(3, Double.valueOf(records[i][2]));
            prpdStmt.addBatch();  // 将 INSERT 语句添加到 Batch 中
        }
            prpdStmt.executeBatch();  // 批量执行 Batch 中的 INSERT 语句
```

采用 PreparedStatement 批处理方式优缺点如下。
- 优点：发送的是预编译后的 SQL 语句，执行效率高。
- 缺点：只能应用在 SQL 语句相同，但参数不同的批处理中。因此，此种形式的批处理经常用于在同一个表中批量插入数据，或批量更新表的数据。

10.5 JDBC 元数据

10.5.1 元数据概述

元数据（metadata）是一种描述数据的数据。数据库中存在大量的元数据，用于描述它们的功能与配置。

元数据主要分成 2 类，如下。
- 数据库的元数据：如数据库的名称、版本等。
- 结果集的元数据：查询结果集中字段数量，某字段的名称等。

10.5.2 数据库的元数据

每个数据库的元数据是不同的，可以通过 DatabaseMetaData 接口来获得。通过调用 Connection 对象的 getMetaData()方法，可以得到 DatabaseMetaData 类的实例。

例 10-5　获得数据库元数据的完成代码及运行结果，如图 10-13 所示。

```
package chap10;
import java.sql.Connection;
import java.sql.DatabaseMetaData;
import java.sql.DriverManager;
import java.sql.SQLException;
public class JDBCDemo5 {
    private static final String URL = "jdbc:sqlserver://127.0.0.1:1433;DatabaseName=TestDB";
    private static final String USERNAME ="root";
    private static final String PASSWORD ="root";
    static {
        try {
            Class.forName("com.microsoft.sqlserver.jdbc.SQLServerDriver");
            System.out.println("驱动程序加载成功");
        } catch (ClassNotFoundException e) {
            e.printStackTrace();  // 输出捕获到的异常信息
```

```java
            }
        }
        public static void main(String[] args) {
            try {
                Connection conn = DriverManager.getConnection(URL, USERNAME, PASSWORD);
                DatabaseMetaData dmd = conn.getMetaData();
                String productName = dmd.getDatabaseProductName();
                String productVersion = dmd.getDatabaseProductVersion();
                String driverName = dmd.getDriverName();
                String driverVersion = dmd.getDriverVersion();
                System.out.println(productName + " ------- " + productVersion + " \n"
                        + driverName + " ------- " + driverVersion);
            } catch (SQLException e) {
                e.printStackTrace();
            }
        }
    }
```

```
Microsoft SQL Server ------- 10.00.1600
Microsoft JDBC Driver 4.0 for SQL Server ------- 4.0.2206.100
```

图10-13 例10-5运行结果

10.5.3 结果集的元数据

结果集中也有元数据，使用 ResultSetMetaData 接口可用于获取关于 ResultSet 对象中列的类型和属性信息，如每一列的数据类型、列标题及属性等。

例 10-6 获得结果集元数据的完成代码及运行结果，如图 10-14 所示。

```java
package chap10;
import java.sql.Connection;
import java.sql.DriverManager;
import java.sql.ResultSet;
import java.sql.ResultSetMetaData;
import java.sql.SQLException;
import java.sql.Statement;
public class JDBCDemo6 {
    private static final String URL = "jdbc:sqlserver://127.0.0.1:1433;DatabaseName=TestDB";
    private static final String USERNAME ="root";
    private static final String PASSWORD ="root";
    static {
```

```java
        try {
            Class.forName("com.microsoft.sqlserver.jdbc.SQLServerDriver");
        } catch (ClassNotFoundException e) {
            e.printStackTrace(); // 输出捕获到的异常信息
        }
    }
    public static void main(String[] args) {
        try {
            Connection conn = DriverManager.getConnection(URL, USERNAME, PASSWORD);
            Statement stmt = conn.createStatement();// 创建 SQL 命令对象
            ResultSet rs = stmt.executeQuery("SELECT * FROM student");// 返回 SQL 语句查询结果集（集合）
            // 获取结果集元数据
            ResultSetMetaData rsmd = rs.getMetaData();
            int columnCount = rsmd.getColumnCount();
            String label = rsmd.getColumnLabel(1);
            System.out.println("表有"+columnCount +"列"+ "\n" +"第一列的列标题是"+ label );
            rs.close();
            stmt.close();// 关闭命令对象连接
            conn.close();// 关闭数据库连接
        } catch (SQLException e) {
            e.printStackTrace();
        }
    }
}
```

表有3列
第一列的列标题是id

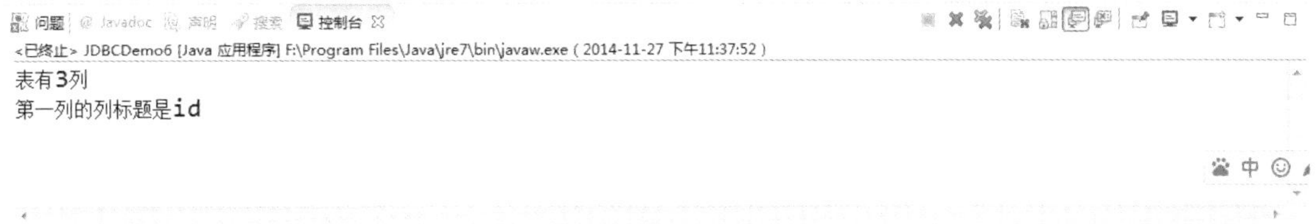

图10-14 例10-6运行结果

10.6 JDBC 事务管理

10.6.1 事务概述

所谓事务，是指一组相互依赖的操作单元的集合，用来保证对数据库的正确修改，保持数据的完整性，如果一个事务的某个单元操作失败，将取消本次事务的全部操作。例如，银行交易、股票交易和网上购物等，都需要利用事务来控制数据的完整性，比如将 A 账户的资金转入 B 账户，在 A 中扣除成功，在 B 中添加失败，导致数据失去平衡，事务将回滚到原始状态，即 A 中没少，B 中没多。

数据库事务必须具备以下特征（简称 ACID）。

（1）原子性（Atomic）：每个事务是一个不可分割的整体，只有所有的操作单元执行成功，整个事务才成功；否则此次事务就失败，所有执行成功的操作单元必须撤销，数据库回到此次事务之前的状态。

（2）一致性（Consistency）：在执行一次事务后，关系数据的完整性和业务逻辑的一致性不能被破坏。例如，A 与 B 转账结束后，他们的资金总额是不能改变的。

（3）隔离性（Isolation）：在并发环境中，一个事务所做的修改必须与其他事务所做的修改相隔离。例如，一个事务查看的数据必须是其他并发事务修改之前或修改完毕的数据，不能是修改中的数据。

（4）持久性（Durability）：事务结束后，对数据的修改是永久保存的，即使系统故障导致重启数据库系统，数据依然是修改后的状态。

数据库管理系统采用锁的机制来管理事务。当多个事务同时修改同一数据时，只允许持有锁的事务修改该数据，其他事务只能"排队等待"，直到前一个事务释放其拥有的锁。

10.6.2 提交和回滚

在 JDBC 的数据库操作中，一项事务是由一条或是多条表达式所组成的一个不可分割的工作单元。通过提交 commit()或是回退 rollback()来结束事务的操作。关于事务操作的方法都位于接口 java.sql.Connection 中。

在 JDBC 中，事务操作默认是自动提交。也就是说，一条对数据库的更新表达式代表一项事务操作。操作成功后，系统将自动调用 commit()方法来提交，否则将调用 rollback()方法来回退。

在 JDBC 中，可以通过调用 setAutoCommit（false）方法来禁止自动提交。之后就可以把多个数据库操作的表达式作为一个事务，在操作完成后调用 commit()方法来进行整体提交。倘若其中一个表达式操作失败，都不会执行到 commit()方法，并且将产生相应的异常。此时，就可以在异常捕获时调用 rollback()方法进行回退。这样做可以保持多次更新操作后，相关数据的一致性。

习题十

一、选择题

1. 下面关于 JDBC 描述错误的是（　　）。
   A. JDBC 由一组由 Java 编程语言编写的类和接口组成
   B. JDBC 写的程序能够自动地将 SQL 语句传送给相应的数据库管理系统
   C. JDBC API 只支持数据库访问的两层类型
   D. JDBC 是一种底层 API，它可以直接调用 SQL 语句，也是构造高级 API 和数据库开发工具的基础

2. 用来向 DBMS 发送 SQL 的 JDBC 对象是（　　）。
   A. Statement　　　B. Connection　　　C. DriverManager　　　D. ResultSet

3. 下列语句用来实现与数据库连接的正确顺序为（　　）。

（1）Connection con = DriverManager.getConnection(url,"sa","");

（2）ResultSet rs = stmt.executeQuery("SELECT u_name,u_pass FROM users");

（3）Statement stmt = con.createStatement();

（4）Class, forName("sun.jdbc.pbdc.jdbcOdbcDrive");

  A.（1）（2）（3）（4）   B.（4）（1）（3）（2）

  C.（4）（3）（1）（2）   D.（1）（3）（2）（4）

4. 用来执行一个存储过程，可以使用（　　）方法。

  A. executeQuery 方法   B. executeUpdate 方法

  C. execute 方法   D. executeNoQuery 方法

二、填空题

1. 使用 DriverManagerr 类的_____方法连接数据库。

2. 使用 JBDC 直接连接数据库注册数据库驱动程序的语句为_____。

三、编程题

1. 编写程序，在数据库中创建一个表格 score 存储学生的成绩，字段有：学号、姓名、英文、数学、政治、Java 语言。

2. 编写程序在表格 score 插入两行记录。

3. 编写程序，从表格 score 中查询并显示所有记录。

4. 编写程序，删除表格 score 中的所有记录。

第 11 章
综合项目实训——俄罗斯方块

【本章导读】

俄罗斯方块（Tetris，俄文：Тетрис）是一款风靡全球的电视游戏机和掌上游戏机游戏，它由俄罗斯人阿列克谢·帕基特诺夫发明，故得此名。俄罗斯方块的基本规则是移动、旋转和摆放，游戏自动输出的各种方块，使之排列成完整的一行或多行并且消除得分。由于上手简单、老少皆宜，从而家喻户晓，风靡世界。

本章主要使用 Java 语言完成一个俄罗斯方块的游戏开发，主要包括面向对象的分析与设计、主体框架搭建、方块产生与自动下落、方块的移动与显示、障碍物的生成与消除、游戏结束。通过本章学习，能使读者按照实际要求灵活应用 Java 的基本知识分析和解决实际问题，提高软件开发的岗位技能。

【学习目标】
- 掌握面向对象的分析与设计方法
- 掌握内部类和匿名类的方法
- 掌握 Java 绘制图形的方法
- 搭建游戏的主体框架
- 掌握多维数组的定义及使用方法
- 掌握的多线程的基本使用
- 掌握随机数的产生方法
- 掌握多线程同步的方法
- 掌握鼠标和键盘的事件处理方法

任务一　面向对象的分析与设计

【任务描述】

本任务主要完成俄罗斯方块游戏的需求分析，确定该游戏所需的功能，分析该游戏的对象模型，确定游戏的功能模块。

本任务的关键点如下。

（1）需求分析。

（2）面向对象分析。

（3）功能模块划分。

【任务分析】

需求分析是项目开发中非常重要的一环，完成一个完整有效的需求分析对后面的系统设计和开发有着非常重要的作用。从需求中提取关键对象建立对象模型是面向对象程序设计的第一步。第二步是为对象确定事件及事件的发生源及接收方。最后建立功能模型和确定操作。这是在项目开发中应用面向对象方法进行分析的步骤。

【任务实施】

1. 需求分析

一个用于摆放小型正方形的平面虚拟场地，其标准大小：行宽为 10，列高为 20，以每个小正方形为单位。

一组由 4 个小型正方形组成的规则图形，英文称为 Tetromino，中文称为方块，共有 7 种，分别以 I、L、J、O、S、T、Z 这 7 个字母的形状命名，其具体形状如图 11-1 所示。

- I：一次最多消除 4 层。
- J：（左右）最多消除 3 层，或消除 2 层。
- L：最多消除 3 层，或消除 2 层。
- O：最多消除 1~2 层。
- Z：最多 2 层，容易造成孔洞。
- T：最多 2 层。

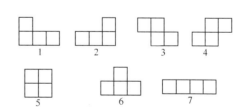

图11-1　7种不同的方块

俄罗斯的方块的基本规则如下。

（1）方块会从区域上方开始缓慢持续落下。

（2）玩家可以做的操作有：以 90 度为单位旋转方块，以格子为单位左右移动方块，让方块加速落下。

（3）方块移到区域最下方或落到其他方块上无法移动时，就会固定在该处，而新的方块随即出现在区域上方开始落下。

（4）当区域中某一行横向格子全部由方块填满，则该行会消失并为玩家增加得分。如果同时删除的行数越多，那么得分指数上升。

（5）当固定的方块堆到区域的最上方而无法消除层数时，则游戏结束。

（6）一般来说，游戏会提示下一个要落下的方块的形状，熟练的玩家会计算到下一个方块的形状，评估现在要如何进行。如果游戏能一直不断进行下去，作为商业游戏那并不太理想，所以一般会随着游戏的进行而加速提高难度。

（7）未消除的方块会一直累积，并对后来的方块造成各种影响。

（8）如果未被消除的方块堆放的高度超过场地所规定的最大高度（并不一定是20或者玩家所见到的高度），则游戏结束。

2. 建立对象模型

根据需求分析，游戏需要一个虚拟场地，场地由多个小方格组成，一般是高度大于宽度，该场地主要作用是显示方块所在的位置，设置 GamePanel 类，该类中有 display() 方法显示方块。

7种不同类型的方块使用 Shape 类表示，方块可以完成显示、自动落下、向左移、向右移、向下移、旋转等动作，使用 drawMe() 方法、autoDown() 方法、moveLeft() 方法、moveDown() 方法、rotate() 方法表示。

根据 DAO 模式，产生不同方块的工作交给工厂类 ShapeFactory，由它来产生不同的方法，将该方法命名为 getShape() 方法。

方块落下后会变成障碍物，编写障碍物类 Ground 类，它可以使用 accept() 方法将方块变成障碍物，然后使用 drawMe() 方法将其显示出来。

这样确定了4个类，这4个类是相互独立的。方块工厂 ShapeFactory 类产生 Shape 类的对象。游戏面板 GamePanel 类可以接受用户的按键方块左移、右移、旋转等动作，需要处理按键事件的代码。根据 MVC 模式的设计思想，需要将处理逻辑代码独立出来。因此，可以将按键事件的处理代码和处理逻辑的代码组合为中央控制器类 Controller 类，该游戏的模型关系图如图11-2所示。

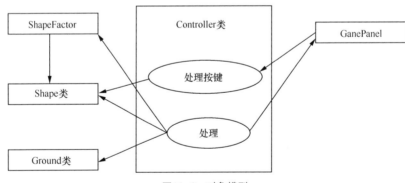

图11-2 对象模型

3. 划分功能模块

根据游戏的需求，将功能分为方块产生与自动落下、方块移动与显示、障碍物生成与消除以及游戏结束等几部分，如图11-3所示。

方块产生与自动下落模块主要完成7种不同方块以及方块旋转90度后的状态表示，使用工厂类创建方块，产生后能够自动下落。

方块移动与显示模块主要完成方块的向左移、向右移、向下移、旋转、显示等功能。

障碍物的生成与消除模块主要完成将下落的方块变成障碍物并显示，将障碍物填满一行后消除。

游戏结束模块主要完成障碍物达到游戏面板顶部后，游戏结束，不再产生新的方块。

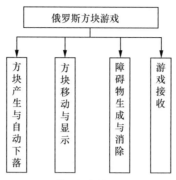

图11-3 俄罗斯方块游戏功能模块

【任务小结】

本任务使用面向对象的分析与设计方法完成俄罗斯方块游戏的需求分析，建立对象模型并设计游戏的功能模块。

任务二 主体框架搭建

【任务描述】

在任务一中，根据需求建立了对象模型。本任务将根据对象模型搭建程序主体框架。
任务的关键点如下。
（1）清理游戏中各个对象的主要作用及相互间的关系。
（2）设计各个类的主要方法。

【任务分析】

在对象模型中包含 5 个类：Shape 类（方块）、ShapeFatory 类（方块工厂）、Ground 类（障碍物）、GamePanel 类（游戏面板）和 Controller 类（控制器）。创建这 5 个类以及建立类之间的关系。

【任务实施】

（1）遵循 MVC 模式，创建 cn.unit6.tetris.view 包、cn.unit6.tetris.entities 包、cn.unit6.tetris.controller 包和 cn.unit6.tetris.test 包。
（2）创建 Shape 类。该类有向左移、向右移、下降、旋转、绘制自身等方法。

```java
package cn.unit6.tetris.entities;
public class Shape {
    public void moveLeft(){
        System.out.println("Shape's moveLeft ");
    }
```

```java
    public void moveRight(){
        System.out.println("Shape's moveRight ");
    }
    public void moveDown(){
        System.out.println("Shape's moveDown ");
    }
    public void rotate(){
        System.out.println("Shape's rotate ");
    }
    public void drawMe(Graphics g){
        System.out.println("Shape's drawMe");
        }
    }
```

（3）创建 ShapeFactory 类。该类负责产生各种方块。

```java
package cn.unit6.tetris.entities;
public class ShapeFactory {
public Shape getShape(){
        System.out.println("ShapeFactory's getShape ");
        return new Shape();
    }
}
```

（4）创建 Ground 类。该类将方块变成障碍物，以及将障碍物重绘。

```java
package cn.unit6.tetris.entities;
public class Ground {
  public void accept(Shape shape){
     System.out.println("Ground's accept ");
}
  public void drawMe(Graphics g){
     System.out.println("Ground's drawMe ");
}
}
```

（5）创建 GamePanel 类。该类作为游戏界面，显示方块和障碍物，由于方块和障碍物会发生变化，因此需要方法对方块和障碍物重绘。

```java
package cn.unit6.tetris.view;
public class GamePanel extends JPanel{
 private Ground ground;
 private Shape shape;
 public void display(Ground ground,Shape shape){
     this.ground=ground;
     this.shape=shape;
     this.repaint();
   }
```

```
    protected void paintComponent(Graphics g){
        //重新绘制
        if(shape!=null && ground!=null){
            shape.drawMe(g);
            ground.drawMe(g);
        }
    }
    public GamePanel(){
        this.setSize(300,300);
    }
}
```

（6）创建 Controller 类。该类继承按键适配器，实现用户对方快的各种操作。

```
package cn.unit6.tetris.controller;
import java.awt.event.KeyAdapter;
import java.awt.event.KeyEvent;
import cn.unit6.tetris.entities.Ground;
import cn.unit6.tetris.entities.Shape;
import cn.unit6.tetris.entities.ShapeFactory;
import cn.unit6.tetris.listener.ShapeListener;
import cn.unit6.tetris.view.GamePanel;
public class Controller extends KeyAdapter implements ShapeListener{
    private Shape shape;
    private ShapeFactory shapeFactory;
    private GamePanel gamePanel;
    private Ground ground;
    public void keyPressed(KeyEvent e){
        switch(e.getKeyCode()){
        case KeyEvent.VK_UP:
            if(ground.isMoveable(shape, Shape.ROTATE))
                shape.rotate();
            break;
        case KeyEvent.VK_DOWN:
            if(ground.isMoveable(shape, Shape.DOWN))
                shape.moveDown();
            break;
        case KeyEvent.VK_LEFT:
            if(ground.isMoveable(shape, Shape.LEFT))
                shape.moveLeft();
            break;
        case KeyEvent.VK_RIGHT:
            if(ground.isMoveable(shape, Shape.RIGHT))
                shape.moveRight();
            break;
```

```
        }
        gamePanel.display(ground,shape);
    }

    public void newGame(){
        shape=shapeFactory.getShape(this);
    }
    public Controller(ShapeFactory shapeFactory,Ground ground,GamePanel gamePanel){
        this.shapeFactory=shapeFactory;
        this.ground =ground;
        this.gamePanel=gamePanel;
    }
}
```

【任务小结】

本任务主要对俄罗斯方块的主体框架进行了搭建。根据系统的分析与设计，创建了游戏中的 5 个核心类。

任务三 方块产生与自动下落

【任务描述】

俄罗斯方块游戏中有 7 种不同形状的方块，每种方块还可以进行旋转变形产生不同的状态，这些都需要在程序中描述它们。同时，方块的自动下落功能也需要实现。

任务关键点如下。

（1）方块不同形状，不同状态的程序描述。

（2）方块自动下落功能的实现。

【任务分析】

本任务中主要完成方块不同形状、不同状态的程序描述及方块主要功能实现。方块的形状与状态需要多个数值进行描述，要用到多维数组。方块的定时下落功能需要由多线程负责实施。

【任务实施】

（1）定义图形及其不同状态。

在游戏中不同形状的方块在游戏面板的不同位置移动，可以将游戏面板看为由 20×10 的小方格组成。图 11-4 所示，面板的原点坐标在左上角，水平向右为 X 轴正方向。在下方的小方格代表障碍物，不同的小方格也可以表示不同的方块以及它们的不同状态。

方块用 4×4 的小方格组成的方阵表示。4×4 的小方格方阵不但能够表示 7 种不同的图形，还可以表示方块旋转时的不同状态。使用 0 或 1 表示 16 个小方格不同状态，用于存储方块的状态，要存储这 16 个小方格的状态，需要使用到数组。图 11-5 所示，使用数组{1,0,0,0,1,1,1,1,0,0,0,0,0,0,0,0}表示。

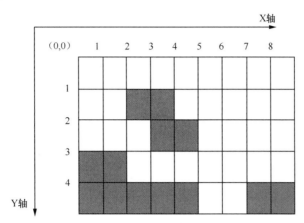

图11-4 游戏模板坐标

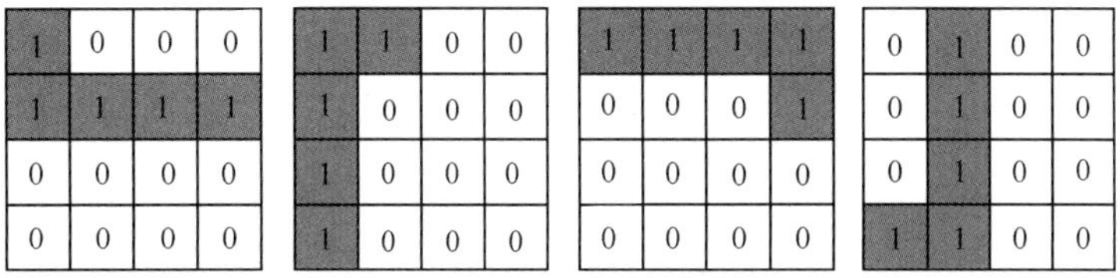

图11-5 L方块

若要表示 L 方块的 4 种不同状态，使用二维数组{{1,0,0,0,1,1,1,1,0,0,0,0,0,0,0,0}},{1,1,0,0,1,0,0,0,1,0,0,0,1,0,0,0},
{1,1,1,1,0,0,0,1,0,0,0,0,0,0,0,0},{0,1,0,0,0,1,0,0,0,1,0,0,1,1,0,0}}表示。

① 修改 Shape 类，添加方块的定义。

```
public class Shape {
  private int[][] body;
  private int status;

  public void setBody(int body[][]){
       this.body=body;
  }
  public void setStatus(int status){
       this.status=status;
  }
}
```

② 修改 ShapeFactory 类，添加方块的状态。

```
public class ShapeFactory {
 private int shapes [][][]=new int [][][]{
     {
```

```
                {1,0,0,0, 1,1,1,0,
                 0,0,0,0, 0,0,0,0},

                {1,1,0,0, 1,0,0,0,
                 1,0,0,0, 0,0,0,0},

                {1,1,1,0, 0,0,1,0,
                 0,0,0,0, 0,0,0,0},

                {0,1,0,0, 0,1,0,0,
                 1,1,0,0, 0,0,0,0}
            }
    };
    public Shape getShape(ShapeListener listener){
        Shape shape=new Shape();
        shape.addShapeListener(listener);
        int type=new Random().nextInt(shapes.length);
        shape.setBody(shapes[type]);
        shape.setStatus(0);
        return shape;
    }
}
```

（2）创建 ShapeListener 接口，该接口对方块自动下落进行定义。

```
package cn.unit6.tetris.listener;
public interface ShapeListener {
    void shapeMoveDown(Shape shape);
}
```

（3）修改 Shape 类，定义 ShapeListener 监听器，定义多线程，实现方块自动下落。

```
public class Shape {
    private ShapeListener listener;
    //内部类实现多线程接口，方块每隔 1 秒自动落下
    private class ShapeDriver implements Runnable{
        public void run() {
            while(true){
                moveDown();
                listener.shapeMoveDown(Shape.this);
                try {
                    Thread.sleep(1000);
                } catch (Exception e) {
                    e.printStackTrace();
```

```
            }
          }
        }
      }
//当Shape类实例化时启动该线程
  public Shape(){
      new Thread(new ShapeDriver()).start();
  }
//定义添加监听方法
  public void addShapeListener(ShapeListener l){
      if(l !=null){
           this.listener=l;
      }
  }
}
```

（4）修改 Controller 类，实现 ShapeListener 接口。

```
public class Controller extends KeyAdapter implements ShapeListener{

        public void shapeMoveDown(Shape shape) {
            gamePanel.display(ground,shape);
        }

  public synchronized boolean isShapeMoveDownable(Shape shape) {

        boolean result=ground.isMoveable(shape, Shape.DOWN)
        return false;
  }
}
```

（5）修改 ShapeFactory 类，给方块添加 ShapeListener 监听器。

```
public class ShapeFactory {

  public Shape getShape(ShapeListener listener){
      system.out.println("ShapeFactory's getShape");
      Shape shape=new Shape();
      shape.addShapeListener(listener);
      return shape;
  }
}
```

（6）新建一个 Test 类，完成游戏中各个类的组装。

```java
package cn.unit6.tetris.test;
import javax.swing.JFrame;
import cn.unit6.tetris.controller.Controller;
import cn.unit6.tetris.entities.Ground;
import cn.unit6.tetris.entities.ShapeFactory;
import cn.unit6.tetris.view.GamePanel;
public class Test {
 public static void main(String[] args) {
      ShapeFactory shapeFactory=new ShapeFactory();
      Ground ground =new Ground();
      GamePanel gamePanel=new GamePanel();

      Controller controller=new Controller(shapeFactory,ground,gamePanel);
      JFrame frame=new JFrame();
      frame.setSize(gamePanel.getSize().width+10,gamePanel.getSize().height+10);
      frame.add(gamePanel);
      gamePanel.addKeyListener(controller);
      frame.addKeyListener(controller);
      frame.setVisible(true);

      controller.newGame();
  }
 }
```

【任务小结】

本任务完成方块的产生，使用二维数组表示不同方块的不同状态。并且使用多线程和监听器完成方块的自动下落。

任务四　方块的移动与显示

【任务描述】

用户单击键盘上的方向键，可以控制方块向左移、向右移或向下移。需要注意，游戏的界面是有边界的，当图形到达游戏界面边界时，则不能继续移动。

任务关键点如下。

（1）键盘事件的处理。

（2）游戏的流程逻辑。

（3）游戏界面的大小和方块的位置。

【任务分析】

本任务中主要实现用户单击键盘上的方向键以控制方块向左移、向右移或向下移。使用键盘监听器并处理该事件。游戏的界面由多行多列的小格子组成,需设置格子的宽度,以及界面上由多少行和多少列组成。每次移动均需重新绘制方块,并判断是否超出界面边界,是否可以移动。

【任务实施】

(1)方块通过 ShapeListener 监听器可以获得用户对键盘的操作,通过事件响应处理程序做出向左移、向右移及向下移的动作。方块类中保存自己的位置信息,顶点到左边界的距离为 left,顶点到上边界的距离为 top,如图 11-6 所示。方块的移动可以通过改变 left 和 top 的值来实现。

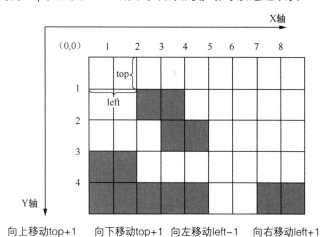

图11-6 方块位置信息

修改 Shape 类,添加如下代码。

```
public class Shape {
 private int left;
 private int top;
 public void moveLeft(){
      left--;
 }
 public void moveRight(){
      left++;
 }
 public void moveDown(){
      top++;
 }
 public void rotate(){
      status=(status+1)%body.length;
 }
}
```

(2)若想绘制方块,在界面中显示出来,就是根据方阵的数值,将值为 1 的格子在游戏界面中绘制出来,而不绘制值为 0 的格子。方块的格子在显示区域中的位置如下。

- x 坐标:left+格子的 x 在方阵中的坐标。

- y 坐标：top+格子的 y 在方阵中的坐标。

如图 11-6 所示，方块的坐标依次为：（2，1）=（2+0，1+0）、（3，1）=（2+1，1+0）、（3，2）=（2+1，1+1）、（4，2）=（2+2，1+1）。

现在需要确定游戏界面中格子的大小。图 11-7 所示，x 值= left*格子的宽度，y 值= top*格子的高度，即可得到格子的左上角坐标。

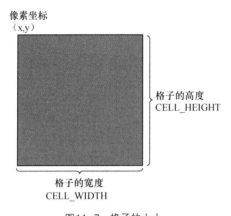

图11-7　格子的大小

① 创建 Global 类，存储项目中所需要的常量。

```
package cn.unit6.tetris.util;

public class Global {
 public static final int CELL_SIZE=20;
 public static final int WIDTH=15;
 public static final int HEIGHT=15;
}
```

② 修改 Shape 类，完成方块绘制。

```
public class Shape {
 public void drawMe(Graphics g){
      g.setColor(Color.BLUE);
      for(int x=0;x<4;x++){
          for(int y=0;y<4;y++){
              if(getFlagByPoint(x,y)){
                  g.fill3DRect((left+x)*Global.CELL_SIZE, (top+y)*Global.CELL_SIZE,
                          Global.CELL_SIZE, Global.CELL_SIZE, true);
              }
          }
      }
 }
    //判断方阵中的标识是否为1
    private boolean getFlagByPoint(int x,int y){
```

```
            return body[status][y*4+x]==1;
        }
    }
```

③ 修改 GamePanel 类，修改绘制方法。

```
public class GamePanel extends JPanel{
    protected void paintComponent(Graphics g){
        //擦出原来的方块
        g.setColor(new Color(0xcfcfcf));
        g.fillRect(0,0,300,300);
        //重新绘制
        if(shape!=null && ground!=null){
            shape.drawMe(g);
            ground.drawMe(g);
        }
    }
}
```

（3）方块在移动中，左右移动可以移出界面边界，向下会与障碍物重叠，这是游戏中不允许的。解决的方法是，在方块每次移动之前，对障碍物和边框的边界进行判断，是否在范围内，是否可以移动。

① 修改 GamePanel 类，对界面大小进行定义，不再使用明确的数值，而是以格子为单位。

```
public class GamePanel extends JPanel{
    protected void paintComponent(Graphics g){
        //擦出原来的方块
        g.setColor(new Color(0xcfcfcf)); g.fillRect(0,0,Global.WIDTH*Global.CELL_SIZE,Global.HEIGHT*Global.CELL_SIZE);
        //重新绘制
        if(shape!=null && ground!=null){
            shape.drawMe(g);
            ground.drawMe(g);
        }
    }
    public GamePanel(){
        this.setSize(Global.WIDTH*Global.CELL_SIZE,Global.HEIGHT*Global.CELL_SIZE);
    }
}
```

② 修改 Shape 类，增加方块的动作信息，定义为常量；增加返回方块位置信息的方法；增加判断坐标是否属于方块的方法。

```
public class Shape {
    public static final int ROTATE=0;
```

```java
public static final int LEFT=1;
public static final int RIGHT=2;
public static final int DOWN=3;
public int getTop(){
    return top;
}
public int getLeft(){
    return left;
}
//判断坐标是否属于方块
public boolean isMember(int x,int y,boolean rotate){
    int tempStatus=status;
    if(rotate){
        tempStatus=(status+1)%body.length;
    }
    return body[tempStatus][y*4+x]==1;
}
```

③ 修改 Ground 类，添加方法判断方块是否超出边界。

```java
public class Ground {
//判断是否超出边界
public boolean isMoveable(Shape shape,int action){
    //得到方块的当前位置信息
    int left=shape.getLeft();
    int top=shape.getTop();
    //根据方块所做的动作，得到它将移动到的位置信息
    switch(action){
    case Shape.LEFT:
        left--;
        break;
    case Shape.RIGHT:
        left++;
        break;
    case Shape.DOWN:
        top++;
        break;
    }
    //依次取出方块中的点，判断是否超出显示区域
    for(int x=0;x<4;x++){
        for(int y=0;y<4;y++){
            if(shape.isMember(x, y,action==Shape.ROTATE)){
                if(top+y>=Global.HEIGHT|| left+x<0 ||left+x>=Global.WIDTH || obstacles[left+x][top+y]==1)
```

```
                    return false;
            }
        }
    }
    return true;
}
```

④ 修改 Controller 类，在用户单击方向键之后，判断是否超过边界，能否执行该操作。

```
public class Controller extends KeyAdapter implements ShapeListener{
    public void keyPressed(KeyEvent e){
        switch(e.getKeyCode()){
        case KeyEvent.VK_UP:
            if(ground.isMoveable(shape, Shape.ROTATE))
                shape.rotate();
            break;
        case KeyEvent.VK_DOWN:
            if(ground.isMoveable(shape, Shape.DOWN))
                shape.moveDown();
            break;
        case KeyEvent.VK_LEFT:
            if(ground.isMoveable(shape, Shape.LEFT))
                shape.moveLeft();
            break;
        case KeyEvent.VK_RIGHT:
            if(ground.isMoveable(shape, Shape.RIGHT))
                shape.moveRight();
            break;

        }
        gamePanel.display(ground,shape);
    }
}
```

（4）现在存在的问题是：方块除了用户操作移动之外，仍然会自动下落。因此需要在自动下落前判断是否可以下落。

① 在 ShapeListener 监听器中，添加一个方法判断方块是否可以下落。

```
public interface ShapeListener {
    //判断方块是否可以下落
    boolean isShapeMoveDownable(Shape shape);

}
```

② 在 Controller 类中实现该方法，判断下落是否超出边界，若没有超出则产生方块。该方法多个位置用到，因此需要同步的。

```java
public class Controller extends KeyAdapter implements ShapeListener{
 public synchronized boolean isShapeMoveDownable(Shape shape) {
     if(ground.isMoveable(shape, Shape.DOWN)){
         return true;
     }
     ground.accept(this.shape);
         this.shape=shapeFactory.getShape(this);
     return false;
 }
}
```

③ 修改 Shape 类，自动下落之前先判断是否可以下落。

```java
public class Shape {
 private class ShapeDriver implements Runnable{

     public void run() {
         while(listener.isShapeMoveDownable(Shape.this)){
             moveDown();
             listener.shapeMoveDown(Shape.this);
             try {
                 Thread.sleep(1000);
             } catch (Exception e) {
                 e.printStackTrace();
             }
         }
     }
 }
}
```

【任务小结】

本任务通过键盘事件响应用户对方块的操作，实现向左移、向右移或向下移的功能。通过设置组成游戏界面的小方块的大小，设置游戏界面的大小。控制方块的移动不能超过界面的大小。

任务五　障碍物的生成与消除

【任务描述】

方块下落后应变为障碍物，将下落后的方块变成障碍物显示，当一行中每个小格子都被障碍物填满后，就消除该行。

任务关键点如下。

（1）方块变成障碍物时，计算需要显示为障碍物的小格子。

（2）如何判断一行都被障碍物填满。

【任务分析】

将方块变成障碍物时，对游戏界面上的小方格进行计算，并用代码的方式表达出来。判断一行是否被障碍物填满时，也需要计算游戏界面上的小方格，并用代码的方式表达出来。因此本任务的难点在于如何根据需要设置界面上的小方格的显示状态。

【任务实施】

（1）障碍物和方块一样都是用格子不同的状态来表示的。因此，用一个和显示区域格子相对应的二维数组来保存障碍物的信息。如果对应的位置是障碍物则数组中对应的值为1，否则为0。方块下落变为障碍物，实际就是将所有属于方块的格子对应的位置变成障碍物。

① 修改 Ground 类，在其中定义一个存储障碍物的二维数组，并实现 accept()方法将方块变成障碍物，实现 drawMe()方法绘制障碍物。

```
public class Ground {
 private int [][] obstacles=new int[Global.WIDTH][Global.HEIGHT];
 public void accept(Shape shape){
     for(int x=0;x<4;x++){
         for(int y=0;y<4;y++){
             if(shape.isMember(x, y, false)){
                 obstacles[shape.getLeft()+x][shape.getTop()+y]=1;
             }
         }
     }
 }
 public void drawMe(Graphics g){
     for(int x=0;x<Global.WIDTH;x++){
         for(int y=0;y<Global.HEIGHT;y++){
             if(obstacles[x][y]==1){
                 g.fill3DRect(x*Global.CELL_SIZE,y*Global.CELL_SIZE,
Global.CELL_SIZE, Global.CELL_SIZE, true);
             }
         }
     }
 }
}
```

② 下面实现当方块碰上障碍物时，变成障碍物。修改 Groud 类中判断是否超出边界的方法，添加一个条件：是否碰上障碍物。

```
public class Ground {
 public boolean isMoveable(Shape shape,int action){
     //得到方块的当前位置信息
     int left=shape.getLeft();
     int top=shape.getTop();
     //根据方块所做的动作，得到它将移动到的位置信息
```

```
                switch(action){
                case Shape.LEFT:
                    left--;
                    break;
                case Shape.RIGHT:
                    left++;
                    break;
                case Shape.DOWN:
                    top++;
                    break;
                }
                //依次取出方块中的点,判断是否超出显示区域
                 for(int x=0;x<4;x++){
                    for(int y=0;y<4;y++){
                        if(shape.isMember(x, y,action==Shape.ROTATE)){
                            if(top+y>=Global.HEIGHT|| left+x<0 ||left+x>=Global.
WIDTH || obstacles[left+x][top+y]==1)
                                return false;
                        }
                    }
                }
                return true;
    }
}
```

（2）当产生下一个障碍物之前应判断是否有行被填满，若障碍物填充满某一行时，该行应该被消除。在本游戏中，消除一行障碍物实际是将该行上面的所有行整体下移一行。

① 在 Ground 中定义删除被障碍物填满的行的方法如下。

```
public class Ground {
  //判断障碍物填满的行,并删除
  private void deleteFullLine(){
        //由下至上逐行进行判断
        for(int y=Global.HEIGHT-1;y>=0;y--){
            boolean full=true;
            for(int x=0;x<Global.WIDTH;x++){
                //如果某行中有障碍物值为 0,则该行未填满
                if(obstacles[x][y]==0){
                    full=false;
                }
            }
            //若某行全是障碍物,则调用 deleteLine()删除该行
            if(full){
                deleteLine(y);
            }
```